阅读成就思想……

Read to Achieve

Aha!

顿悟

捕捉灵感的艺术

THE ART OF INSIGHT

How to Have More Aha! Moments

[美] 查尔斯·基弗 马尔科姆·康斯特布尔 ◎ 著

Charles Kiefer

Malcolm Constable

蔡宇星 ◎ 译

中国人民大学出版社

·北京·

图书在版编目（CIP）数据

顿悟：捕捉灵感的艺术 /（美）查尔斯・基弗（Charles Kiefer），（美）马尔科姆・康斯特布尔（Malcolm Constable）著；蔡宇星译 .— 北京：中国人民大学出版社，2017.4

ISBN 978-7-300-23970-5

Ⅰ . ①顿… Ⅱ . ①查… ②马… ③蔡… Ⅲ . ①灵感思维—思维方法 Ⅳ . ① B804.3

中国版本图书馆 CIP 数据核字（2017）第 016881 号

顿悟：捕捉灵感的艺术

［美］查尔斯・基弗 / 马尔科姆・康斯特布尔 著

蔡宇星 译

Dunwu：Buzhuo Linggan de Yishu

出版发行	中国人民大学出版社		
社　　址	北京中关村大街 31 号	邮政编码	100080
电　　话	010-62511242（总编室）		010-62511770（质管部）
	010-82501766（邮购部）		010-62514148（门市部）
	010-62515195（发行公司）		010-62515275（盗版举报）
网　　址	http://www.crup.com.cn		
	http://www.ttrnet.com（人大教研网）		
经　　销	新华书店		
印　　刷	北京中印联印务有限公司		
规　　格	148mm × 210mm　32 开本	版　　次	2017 年 4 月第 1 版
印　　张	4.875　插页 1	印　　次	2017 年 4 月第 1 次印刷
字　　数	97 000	定　　价	45.00 元

THE ART OF INSIGHT

How to Have More Aha! Moments

目录

04

05

THE ART OF
INSIGHT

How to Have More Aha!
Moments

导言

顿悟的瞬间

顿悟的出现，让人们的生活焕然一新，事业蒸蒸日上，世界也将随之改变。

人们的顿悟能力是与生俱来、贯穿一生的。它让人愁云散去、灵感闪现，所遇到的问题也随之迎刃而解。经过长时间的思考，人们会涌现新的想法，那一刻，他们如醍醐灌顶，逐渐释放出承受的压力，随即便产生了全新的视角。这些时刻虽难以言状，但却是人类的一种普遍体验。有时，人们在洗澡、慢跑、睡觉、做白日梦或与人闲聊，而不是刻意去思考某个问题时，脑子里就会突然出现新的想法。那时，谜团会散去，困惑被解决，问题也就清晰了。此时的情况会变得非常简单，连你自己也无法说出之前为什么想不出来。令人惊喜的是，人们可以通过努力提高灵感闪现的频率。有了这些灵感，人们就能更持久地思考，独辟蹊径，找到更简单的解决办法。

在工作或生活中，人们是否会有长期困扰的问题？毫无疑问，人们总会闪现灵感，问题也势必会迎刃而解。在这个过程中，人们要么通过深入思考，出现了一些新的想法；要么是出现的新鲜事物鼓舞了士气，扫除了一切障碍，使人们最终获得了答案。人们对顿悟做出进一步探究就会发现，这些经历如何让人获得灵感。

我们的目标即帮助你快速轻松地获得顿悟。

我们的目标就是在你最需要顿悟时，提高快速、轻松获得它的概率。简单来说，这本书就是帮助你获得更多的顿悟。这是一本简明的指导书，通过书中介绍的一些简单方法，任何人都能形成获得更多、更及时的顿悟的习惯。随着更多顿悟的出现，人们做出的决定会更准确，答案也呼之欲出，还能激发出其他新的想法。

遗憾的是，对于大多数人来说，生活的压力使他们摒弃了自然形成的思维方式，也渐渐消磨了激发其产生更频繁、更及时的灵感的习惯。而书中所提供的方法能帮你重拾获得顿悟的能力，还能提高你获得顿悟的频率、质量和价值。

如果你经常做出错误的决定，思考效率低下，总觉得要下足工夫才能克服阻力；如果你想要更有自信、更有毅力、更平和，或仅仅想获取一些或大或小的顿悟，你都能从本书中得到答案。

根据那些掌握本书所用方法的人的经验，读完这本书后，你会在工作和生活中有以下改变：

- 难题不再遗存，而且通常能自行解决；
- 拥有宏观的判断力、快速的决策力、饱满的自信力以及更低的失误率；
- 交流更顺畅；
- 个人计划更具弹性，使你能更舒适地生活和工作；
- 拥有更充沛的精力去做自己想做的事；
- 会议会变得更加简短和高效；
- 做出正确的决定；
- 思考出更易执行的解决方案。

这些改变都是顿悟能力得到提升的具体表现。

顿悟之道的应用范围是无限的。无论是想要做出更好的决策、解决棘手的问题、更好地理解他人，还是想要从新的角度去观察问题，顿悟都是一种解决之道。

> 顿悟之道的应用范围是无限的。

随着阅读的深入，你将领会到那些过去因不了解而产生怀疑的事物真相。但是，即使获得更多的顿悟也不能按图索骥。或许在某些行业和自我进修的书籍中会有一些获取顿悟的固定步骤，但顿悟有自己的特点，与其说寻找顿悟的思维是一种科学方法，不如说其是一门艺术。顿悟是一种思维方式，而每个人各有其道，就像每个人的运笔和行文方式均有不同。但与其他艺术形式一样，人们通过努力能够提升顿悟。人们只要投入更多的训练和关注，就能唤醒这种与生俱有的能力，享受顿悟带来的美好人生。

关于本书

下面，我们来总结一下本书的主要内容。首先，我们希望你注意到智能学习和顿悟学习之间的区别。这本书主要关注后者。

智能学习主要通过对信息进行收集、处理、存储，然后将其有条不紊地联系起来。而顿悟学习的操作方法有所不同，它在寻找灵感的过程中越发活跃，但又在接受性更强的潜意识反思中略显被动，它通常会将不同的信息进行全新整合。顿悟学习在于自我洞察，而不只是往记忆库里存储更多的东西。

这两种学习都非常重要，但在阅读本书的过程中，我们希望你能将重点放在顿悟学习上。

章节概述

顿悟不足可能是由于两个原因造成的。

第一，你自己可能没有意识到获得顿悟的重要性。我们通常的思考方式是在自己的记忆库里搜索解决方法，这一方法得以实现的前提是答案必须储存在记忆库中。但你很快就会明白（或许你已经明白了），顿悟是指一种新的想法，即从来没有过的想法。如果你想获取顿悟，那么就不需要知识的再现。众所周知，如果你知道自己想要什么，那么你能找到它的概率会更大。本书第 1

章主要帮助你理清自己想要找到什么样的顿悟。当你清楚这点后，事情会简单很多。

第二，虽然每个人获得顿悟的状况不同，但有此经验的人都表示，顿悟之所以出现是依赖于一种平常心。这种平常心是指人处在一种随和、开放、无压力、无束缚的状态。如果能经常保持这种状态，会增加获得顿悟的可能性。相反，如果你经常心神不定、心中压抑，那么顿悟就会远离你、不敢靠近你。这种心境的产生是自然而然的，而我们有时只是不得其法。其实，我们只要保持良好心态，就能重拾这一本能，获得更多顿悟。我们在第 2 章中会对这些做详细说明。

我们要知道，顿悟无时不在，只是我们毫无察觉罢了。我们的思维可能会调错频道，或者我们的内心就像附近建筑工地施工一样激烈地斗争着，完全遮盖住了顿悟的声音。所以我们需要倾听顿悟的声音，这就是本书第 3 章的重点。

运用书中所讲的方法，你可能会获得更多的顿悟，免去许多不必要的麻烦。本书第 4 章将带你感受顿悟如何成为一种思维方式，每天加深对思维运作的理解，你会发现顿悟为你开启了通向全新生活的大门。

本书的四大关键要素：

- 理解顿悟的含义并且主动寻找它们；
- 保持平常心，顿悟才会频繁拜访；

- 学会倾听自己、倾听他人，这样才能更好地倾听顿悟的声音；
- 增强对思维运作的理解。

在第 5 章中，我们会提供一些获得顿悟的实际操作方法；而第 6 章则重在说明如何有效运用这些方法。

这本书可以用来激发顿悟、反思人生和寻找自我。如果它不能直接帮助你，也能帮助你更好地理解世界。请记住，本书并不能完全用文字表达出心境，所表述的内容也只是言明方向。

| 本书来源 |

我们从 40 年来的企业管理咨询课程中观察到，虽然许多主管都掌握大量的数据资料和具备缜密的分析能力，但却仍然难以做出正确的决定，这一现象激发了我们浓厚的兴趣。甚至，这种情况并不是偶然现象。然而，凡事都有例外。有时，用户凭自身能力或在我们的帮助下可以获得战略视野，简单的灵光一现就能让他们重整事业、占据竞争优势。而这种战略上的顿悟一旦被阐明，就如常识一般简单易懂、操作方便。事实上，制定战略要比执行起来更费精力。

这种现象会经常发生吗？有没有某种固定的公式？我们要怎样才能获得顿悟呢？

经过近 15 年的研究，高管们在我们的帮助下逐渐意识到：顿悟才是解决一切问题的关键。与他们共同探索顿悟期间，我们发现，确实可以增加顿悟的发生频率、强度以及利用率，同时优化他们的思考力以及决策力。借助这一手段，人们的思考力和决断力也将有所提升。

在研究课程中，我们查阅了大量资料，与专业人士的交流让我们受益匪浅，他们经常帮助执行层、管理层及其团队获取顿悟力，且具有丰富的经验。当我们告诉客户一些基本原则和方法后，他们就能获得更多、更好的顿悟力和判断力。这些不仅能帮助他们更快地解决问题，还能更准确地避免潜在的危险。他们制订的是具有创造性的、持久的计划和策略，这些虽然明显偏离普遍的思想，但却可以直接和不受约束地执行。正如你所期望的一样，顿悟学习的应用领域不仅仅局限于提高业绩，其所有原则和方法也同样适用于生活。

充满顿悟力的生活是多么令人向往。在聊完经验、听完故事后，我们期盼你的加入，学习如何在生活中获得更多、更好的顿悟。

| 阅读方法 |

阅读此书的方法应该与其他书有所不同，下面一些小提示能帮助你更加深入地理解观点。此外，本书配套的在线学习网站也会让你受益匪浅。

培养顿悟力既是一门艺术也是一门经验科学

之前我们就观察到，每个人天生就具有顿悟力。培养顿悟力是一门艺术，因此，每个人都能成为一名技艺超群的艺术家。但是，像掌握其他任何一门艺术那样，我们也需要反复练习才能充分发挥顿悟力。

顿悟尚未被明确定义为一门科学。然而，我们也应遵循科学的方法，接下来，我们还会进行一些经验科学和理论科学的比较。假定生活中的任何事物均在测试范围中，所以，不必坚信你读到的任何理念。事实上，保持怀疑才能得出更准确的测试结果。运用你的独立思考能力，自己去发现顿悟的所在，然后看其是否有用。请按照下面的例子，在自己的生活中进行实验吧。

30 年前，查理读到了威利斯·哈曼（Willis Harman）写的一篇主题演讲文稿。威利斯·哈曼是斯坦福大学名誉教授、思维科学研究所前任主席。在职业生涯后期，威利斯专注于运用科学方法研究意识。威利斯观察到，如果人拥有一种更为理性的智力，那么就应该用其来指导我们的日常生活。查理回忆起读到那篇演讲时的情形：

我记不起威利斯所写的确切字词，但它们的确引发了我的思考，我决定用自己做实验来检测我所观察到的。在接下来的 24 小时里，除非有理性评估证实这些其实是错误的，否则我将尽自己最大的努力只靠直觉行动。在学习了时间管理课程后，我总能把事情按优先顺序排好，按部就班，逐项完成。现在，我开始凭感觉选择自己的第一项任务，接着又去选择第二项、第三项，直至完成所有任务（我按时完成了计划中的所有事情，包括参加会议、接听电话等）。在这个过程中，我也曾遇到过几个小选择，我统统摒弃了分析的过程，只凭感觉就做出了决定。有人（已经记不清是我的员工还是客户了）拿着一个看上去似乎很合理的提案来找我，但我感觉不太对。我们交谈后，做出了更好的选择。这一天下来怎么样呢？我感觉实在是太棒了！显然，我应该继续这个实验，它在很大程度上排除了存在任何侥幸的可能性。在接下来的几天里，我同样感觉不错，又将实验持续到这周结束。现在，从某种程度上来说，我仍然在继续这一实验。很多年过去了，我的理性思维并没有退化，同时直觉也得到了良好的发展，两者相辅相成。特别明显的是，我拥有了深入分析的能力，似乎所有选项都被放在我面前，我再也不用小心翼翼地按照电子数据表来做事了。接着，我把理智放在一边，而全然只按照直觉行事。

然而，顿悟绝非直觉。这个故事只是为了告诉大家进行严密实验的必要性。我们希望随着阅读的深入，你能尝试去做这类测试和自我评估。

近些年来，科学界对于顿悟、直觉认知科学及思维本质的兴趣越发浓厚，并进行了大量研究，在神经心理学、神经生理学和直觉等领域对此研究课题也有大量的论述文献。相比之下，本书的研究资料全部来源于我们自己及客户的经验。事实证明，该发现与正式的研究结果不谋而合。因此，我们将专注于实际操作方法，帮助你将顿悟运用于社交、工作和生活中。

读有所感比阅读本身更重要

在探寻顿悟之道的过程中，我们参加了许多相关会议和讲座。查理回忆起著名心理治疗师乔治·普兰斯基（George Pransky）的讲座：

按照乔治的要求，我安静地聆听，摒弃杂念去感受他的话语。突然，一股无名的力量向我袭来，我顷刻间犹如被灵感击中。我恍然大悟，个人的经历是由个人的思维所决定。过了一会儿，我又产生了一个全新的想法，它与我之前的想法大相径庭！简单来说，困扰我 30 多年的问题突然茅塞顿开，这种感觉不可名状。

乔治结束演讲后，我欣喜地前去表示感谢："天哪，乔治，这真令人激动！我思考了很久的几个问题：为何总是事与愿违，生活应该何以为继？如今我总算找到了答案。"我激动得语无伦次，而他却不好意思地说："我真替你开心，可是我刚才并没有探讨那些问题。事实上，我的演讲完全没有涉及到你刚才提到的这些。"

回去之后，我一直在思考原因。难道是因为我曲解了他的话，才获得了这个改变我一生的顿悟吗？几天之后，我意识到：其实，顿悟这件事，顿悟者自身的感受远比别人的话语更重要。

牢记已知信息

还有一件让你兴奋的事：想要顿悟更多，并不意味着要去学习更多，人人都拥有足够的知识和阅历去获取顿悟。

塞缪尔·约翰逊（Samuel Johnson）曾经说过，在大多数情况下，人们需要的是提点而非教导。作家著书自然是为了传述新的想法。如果你已对顿悟及其价值有了足够的了解，那么请放心，本书绝非简单地宣扬顿悟的价值或把对顿悟的看法阐释给客户听，其重点在于帮助人们获得更多的顿悟。当然，我们并不了解你的思考习惯，因此帮你转换思维这件事显得极具挑战性。幸运的是，我们无需如此，只需专注于帮你找到并再次运用你所具备的知识。

请把阅读本书当作进行顿悟的引导，而不是操作规范。我们的对话也许不能让你耳目一新，但也恰好说明你不需要再去记忆新的知识。更重要的是，你能轻而易举地重新享受生活。

阅读时，切勿将精力花费在记忆上，让大脑尽可能多地去寻找顿悟。其次，我们将尝试运用一些语言和分析上的“不确定性”来帮助你发现更多顿悟。一旦你心有所感，就要多问自己：“这真的有意义吗？”多尝试几次，你就能得到答案。不必担心思考的后果，其义终会自现。

你越将自己沉浸在本书所述的事例中，获得的顿悟概率就越高。但依据经验判断，自得其法比墨守成规更重要。我们虽然对书中的某些故事还不能作出科学的解释，但却能帮助你放松大脑。这样，新的想法便随之而来。

美术家卡洛琳的老师迈克尔常在学生作画时就艺术、技巧等话题侃侃而谈。起初，卡洛琳备受困扰，她想提出意见，但她见其他同学并未对此表态，就知道这是迈克尔的作风，自己也只好作罢。慢慢地，她学会了排除这种干扰，更加投入地沉浸在绘画中。没想到，这反而帮助她集中注意力，无视周遭环境，更加专注于自己的内心。当她告诉我们这件事时，她意识到，这就是她的老师迈克尔的目的所在：忘掉一切，专注艺术。希望我们所讲的顿悟故事能对你起到同样的效果。

为了顿悟而读书

心理学家发现，人的头脑在处于某一状态时能产生最多的顿悟。尽管很多客户都声称自己是在阅读中获得顿悟的，但只有少量报告显示阅读是获得顿悟的主要途径。顿悟要求我们全身心地投入，它通常在安静的阅读环境中产生，而不是在我们匆忙地处理邮件时产生。这些人得到的通常不是作者的观点，而是一些没有直接关系的新认识，就好比查理在听乔治·普兰斯基的讲座时所获得的顿悟，其中有些顿悟甚至与讲座内容无关。

阅读确实是获得顿悟的重要途径。1977 年，管理顾问戴夫·贝乐（Dave Berlew）的文章让查理获得了工作生涯中最重要的顿悟之一。在这篇文章中，贝尔描述了一种叫做“共同愿景”的力量，这是美国和平队的重要概念之一，并因其收效显著。查理将贝尔的理念与自己对理想与现实关系的理解联系起来，明白了“共同愿景”奏效的原因，并将其成功运用在创办创新机构上。

我们应该如何阅读本书来获得更多的顿悟呢？对此，我们还没有一致的答案，但你肯定有自己的方法。停下来想一想，你何时会产生顿悟，当时周围的环境如何？对大多数人来说，如果在繁忙的一天中抽出一点时间来阅读本书，收效甚微。但如果能空出大量时间并且能读有所思，收效就会很显著。在阅读时，什么能帮助你收获更多？怎样才能理解要点？我们不如把寻找顿悟的过程当作一次深入了解自己的机会。

入睡之前是我们进行沉思的最好时段，人们常常选择在这个时候进行反思性阅读。我们在之后的内容中会谈到同事艾德，他的妻子就经常这样做，并称其为“露天阅读”，因为此时的她可以完全放空自己。

| 线上学习 |

读书是一回事，行动又是另外一回事。本书的配套练习也是我们进行顿悟学习的重点。我们花费了 15 年时间设计这些配套练习，它们能让你学以致用。对做任何事来说，实践都是不可或缺的。

然而，当我们想方设法试图提升自己的顿悟和智力时，却发现客户对自己顿悟的发生频率没有任何概念，他们只知道顿悟，而顿悟却没有像其期望的那样频繁出现。我们想传授客户一些概念，但他们没有基准线，我们如何知道顿悟的发生频率是否得到了提高？在“进展评估”部分附有练习，通过练习，你就能知道顿悟的领会力是否有变化。如果对此感兴趣，你现在就可以设定一个顿悟基准线。充分运用书中所讲的方法能使你成为一个更有效率的思考者，也能让你信手拈来新的想法。你可以更加迅速地做出决策，游刃有余地解决困扰已久的问题，最终过上更舒适的生活。

寻找顿悟的方法很简单，但简单并不意味着这很容易。如果你能改变对顿悟的看法，保持清醒、冷静、机敏的头脑，你就能获得更多的顿悟。我们旨在提供指导和操作步骤，让你得到更多、更好的顿悟，帮助你获得平和的心态，倾听内心的声音，获得更多重要的顿悟。

THE ART OF INSIGHT

How to Have More Aha! Moments

01

何为顿悟

你越了解自己所需何物，你获得答案的概率也就越大，而寻找顿悟就好比寻找丢失的袜子一样。

当你认识到自己需要更多顿悟时，你的潜意识就会替你行动，寻找答案。而你对自己想要寻找何种顿悟越清楚，顿悟的发生概率就越高。就像你想要买辆新车却迟迟拿不定主意时，却突然发现路上的很多车都符合你心中所想。现在请思考一会儿，选定一个需要顿悟的地方，为下一步做准备。

首先，我们来探讨一下顿悟与其他思考方式有何区别。虽然接下来我们聊的是别人的经验，但对我们及他们来说，何谓顿悟的意义更为重要。有此意识，我们才能把自己的心态调至最佳状态，主动积极地寻找顿悟。

| 顿悟是一种思考 |

顿悟是思考的一种特定类型。我们即便已经知道何谓思考，也不妨再对其做进一步的了解。为了达到本书介绍的目的，我们取思维的广义，它指的是想法、见解、心理意象、认知活动以及任何内心活动。

思维始终在自然地消长。如果让你想象一只橙色气球，那在你脑海里很自然地就会出现这个画面，但它不一会儿就会消失。

有时，我们通过寻找想法而变得富有创造力，最常见的例子就是当我们解决实际问题苦寻无门时，就会另辟蹊径。于是，新的想法毫无征兆地就出现了。

很多思维形态并不为我们所知。例如开车时，我们会突然意识到自己陷入思考中，而全然忘却开车一事。当然，即使我们的注意力不在开车上，我们的潜意识仍然会执行加速、减速或向右转的操作。尽管它们悄无声息，也不为人所见，但对于开车来说这些意识必不可少。切记，虽然我们已经意识到其他思维的存在，但它们也只是冰山一角。

记忆思维与新的想法

即使在睡眠中，我们的思维也在不停地运转。我们已有的各种思维被统称为记忆思维。记忆思维并非只出现一两次，而是时常出现，其使用频率就像社保号码和取款密码一样高。然而，新的想法是指你从未有过的全新想法，而这些想法对别人来说可能并不新颖。

在寻找顿悟本质的过程中，我们还需要弄清新的想法与记忆思维之间的区别。所有的顿悟都是新的想法，但并不是所有新的想法都是顿悟。你可能会对自己说“哇，看看那朵花”或“这是我一生中吃过的最棒的食物之一”。这些都是新的想法，但却不能称其为顿悟。新的事物并不都意味着好，无论新鲜与否，谬误都不能称之为顿悟。事实上，很多新的想法都是不切实际的。但新的想法有助于开拓思维，即使其并未付诸实践也是有益的。

> 顿悟是由新的想法所引起的，但并不是所有新的想法都是顿悟。

我们能在记忆库中找到所需的大部分问题的答案，而如果所有问题都能找到答案，我们就没有必要去寻找顿悟了。如果我们在记忆库中找不到问题的解决方案，那么我们就需要寻找新的想法。记忆思维似乎具有自我强化的特点，我们每次使用记忆库都会增强对它的依赖。我们的教育机构就是通过强调事实的积累和推理的应用来不断强化这种模式，并且通常鼓励我们成为熟练的记忆思维者。因此，当我们面对一个问题时，头脑中的第一且唯一的反应就是去记忆库中寻找答案。当我们陷入基于记忆思维的狭窄空间时，会不自觉地失去寻找顿悟的能力。

虽然新的思维通常会被忽视并且彼此有所关联，但当它们出现时会很明显。新的思维可能会伴随着灯光、宽敞感或好心情出现。这种感觉就像在预告一些新的事物即将出现，甚至一些看起来很好的新想法只是刚开始出现也会令人愉悦。当然，一些新的想法可能也并不那么美好，比如突然想到了一种新的惩罚方式。尽管它们是全新的，但也不能将其称作顿悟。

新的想法越多，顿悟越多

不分状况地去寻找顿悟是没有结果的，我们会在接下来的几章中解释这些。我们能做的、应该做的就是尽量去获取更多新的想法，训练自己去寻找它们。由于我们所获取的新的想法质量有高有低，因此要学会有所取舍。等到我们熟悉这种过程之后，更多新的想法就会变成顿悟。

两种思考，双管齐下

我们无需从头开始顿悟，但要具备必不可少的相关记忆、知识和思想，重中之重是抓住事物的本质。例如，律师需要对判例法有深入的了解，但最好的律师不仅是学校里记忆力最强的人，也需要具备学以致用的能力。最好的医生不仅要了解病理学和人体生理学，还要善于将其运用于具体医学案例中。

我们以记忆思维为辅、新的想法为主，这样能更有效地获取顿悟，但这并非是两种思维的正确关系，它们之间应该是交替进行、相辅相成的。随着记忆储备的增加和扩展，顿悟的原材料越来越多。如果你想精通某一学科，就必须搜集足够多的信息和想法，把它们添加到记忆库中。诺贝尔奖得主莱纳斯·鲍林（Linus Pauling）曾说过："零散的记忆是创造的核心所在。"鲍林在加州理工学院的学生也曾抱怨，很多东西一搜即得，为什么还要记住它们？他的学生之一塞缪尔·乔治（Samuel E. George）博士转述了鲍林的回应：

我们能在记忆库里随时回忆起来的东西才是重要的。如果有些记忆需要去查才能获取，就很难引发创造性思维。

鲍林分享了自己的经历。20世纪30年代，他乘坐火车从伦敦到牛津。为了打发时间，他开始阅读《自然》（Nature）杂志里一篇关于探讨“蛋白质是无定形的、无法推导出其三维结构的球体”的文章。

他马上就看到了这篇文章的错误所在，在他的记忆库里，蛋白质中的化学键并不能自由旋转。

于是，他开始思考，等到达牛津时，他就发现了α螺旋（之后，他因此获得了诺贝尔化学奖）。

| 顿悟有助于我们深化理解 |

我们之前提到过，顿悟都是新的想法，但只有部分新的想法能成为顿悟。那么，顿悟和新的想法之间的区别是什么？简而言之，它们之间就是质量的区别，顿悟是高质量的新的想法。顿悟能显著提高我们对问题的理解，让我们的理解更加深入、准确。

在某些情况下，我们没有预先了解任何讨论的主题。而在其他情况下，我们的理解往往又是局限或错误的（与得到顿悟之后的理解相比较）。前后理解的差别越大，顿悟也就越强烈。

想象一下，当你被某人的行为所困扰时，你会很难理解他为何如此。某天晚上，当你在电视节目中看到主持人在解释人的思维是怎样运转的，你能理解他所表述的意思。如果让你参加有关这一主题的测试，基于你的智能理解力，你也能顺利通过。虽然这个主题很有趣，但你总感觉这与自己关系不大。

突然，你的脑海里闪现出自己的经历。你想到的不仅仅是电视里的内容，还本能地、由衷地理解了主持人所说的。当你把主持人所讲的逻辑、事实全都汇集在一起，一切都变得豁然开朗。这一瞬间，你也理解了那个一直困扰你的人，从而让你感到惊喜、满足、快乐，满心宽慰。

顿悟是一种远远超越表面现象的发现或认识。比起单纯的认识，它更加深刻、普遍。

在这个例子中（也可以是从理论到实践都完全不同的其他事件），正在发生两种完全不同的事：一是认识，二是顿悟。当你发现或意识到某事时，你只是了解其表面涵义，比如你以某人所期望的那样，去理解其想法。发现和意识的出现是由于头脑中没有此类相关经验所导致的，这就好比顿悟，灵光一现便应运而生。

而顿悟是深入表面的认识或发现，它意义深刻，放诸四海而皆准，并且与你息息相关。

顿悟往往能颠覆先前的观点。发现、意识和顿悟之间并没有清晰的分界线，当然，区分它们绝非我们的目的。产生更多的意识和发现能够增加你获得顿悟的可能性。

伴随争论而来的大多是个人的想法，当真正的顿悟到来时，情况会变得更加清晰，不再带有太多的个人色彩。人们因顿悟而拓展了讨论的要点，以全新的视角来审视问题，并能彻底化解所有冲突。

别忘记个人的理解和顿悟之间的重要区别。顿悟包括个人的理解，但其程度远非如此。人们拥有顿悟，便会形成新的认知结构，这种新的认知结构会产生新的行为。换句话说，人们在获得顿悟之前，可能会觉得 A 的做法是正确的，但在获得顿悟之后，B 的做法显然要优于 A 的做法。

| 顿悟能简化或完善事情 |

在完全理解某事之前，我们会认为它很复杂。但一旦顿悟，我们难免会疑惑：事情如此简单，为什么之前却想不到。新的想法连接着记忆库，人们对其进行重新排列组合，可以让认识更加准确。记忆库里的东西并非无用，只是没有得到善用。有时，新的想法具有普遍性，这就像高雅而美丽的科学家们口中所说的：

从现象到本质。

我们认为：在顿悟来临之后，严重的问题就不再是问题了，事情会自循其道，往好的方向发展。或者在无可奈何时，顿悟帮助人们意识到这并不是一件彻头彻尾的坏事，在不可改变面前仍然可以有所作为。在这些情况下，顿悟能够消除恐惧、挫折和焦虑，帮助人们恢复平静、用新的视角看待问题，并为人们提供新的视野和新的机会。

几年前，查理和我们的同事罗宾・查里蒂（Robin Charbit）与一家大型组织管理机构分享了顿悟之道。在过去几年里，这个管理团队在推出新产品进入市场时几经失败，导致大家不仅忧心忡忡甚至还心生恐惧。查理和罗宾简单介绍了顿悟之道，提议他们花一个小时来探讨现有的问题。

他们大约探讨了半个小时就获得了顿悟：在这个行业中，其他公司在遇到同样问题时，情况可能更加糟糕。不久之后，他们又获得了另一个顿悟：行业状况已经发生变化，仅仅推出产品的改良版是无法抢占市场先机的。听到这些，房间里的所有人都松了一口气。团队马上放弃了原有计划，开始讨论如何把现有资源分配到不同领域中去。你可以想象出这个课程为他们节省了多少资金，从而让他们起死回生。

|顿悟有助于我们改变看法|

拥有顿悟之后，人们看待世界的方式也会随之改变。这一改变有时相差无几，而有时却有着天壤之别。人人都会有这样的经历，对某个朋友或亲戚的行为感到困惑，还会因此长期感到压抑或生气。突然有一天，当你了解到这个人的过去，意识到他为什么会那样做时，你的负面情绪瞬间消解了，取而代之的是同情和怜悯。

我们的同事琼 15 年来一直都十分怨恨自己的妹妹。她不仅不想跟妹妹在一起，而且别人只要提到自己妹妹的名字，她就会非常紧张。一天，她与朋友谈论自己艰难的成长经历时，突然意识到自己的妹妹只是以一种独特的方式把自己跟家人隔离开。尽管琼并没有和她的朋友谈论自己的妹妹，但此时她开始理解自己妹妹的行为了。琼知道，自己并不想活在妹妹为她创造的“那个世界”里，知其所以然后，她因此而产生的所有负面情绪也就消失了。

琼和她妹妹的故事说明了顿悟能把愤怒和恐惧转换为理解甚至是爱，也说明了人们对他人的顿悟同样非常重要。因为顿悟不仅能改变你的看法，还能重塑你们之间的关系，让痛苦的经历烟消云散。

从拥有顿悟的那一刻起，我们曾经做起来十分自然的事会变得陌生，那些我们自以为做得正确的事也存在着各种问题。终生吸烟的人即使有各种理由戒烟、经过医生治疗，但却总也戒不掉；他们只有在获得顿悟之后，才能彻底戒烟。人们在理解了顿悟之后，比起换一个角度思考、逼迫自己前进，用新的方式行事会容易得多。单靠意志力来做事并不能坚持多久，人们总有一天会坚持不下去的。

| 获得顿悟不等于解决问题 |

虽然顿悟大多被用来解决问题，但在思维陷入僵局之前并不需要寻找顿悟。与特定问题无关的顿悟时有发生，通常好奇也会带来顿悟。虽然拥有顿悟和解决问题有一定关联性，但它们并不是一回事。没有问题时，人们可以获得顿悟；而有问题却没有顿悟时，问题照样可以迎刃而解。有的问题需要搜索枯肠，用已有的逻辑和记忆去解决；而有的问题却需要顿悟才能解决。

| 顿悟有时难以表达 |

顿悟有时太深刻，以至于无法用语言表达。人们获得顿悟时会异常兴奋，迫切想与他人分享自己的经历；但当你试图解释给朋友们听时，他们只是看着你说："那又怎样？这有什么新鲜的吗？你一直都知道啊！"有的朋友可能会感觉到你的兴奋，但他们根本就不知道你到底说的是什么，只能对你表示出不解。

一年前，我的朋友艾略特·戴利（Eliot Daley）参加了顿悟思考培训班，当时他正在写自己的第四本书。他曾经在弗雷德·罗杰斯（Fred Rogers）的制造公司做过 3 年的董事长，在那里写下《罗杰斯先生的街坊》（*Mister Roger's Neighborhood*）的节目脚本。从此，他就被公认为天才作家。在此之后，艾略特还写了数千页的报告，从而改变了公司的发展方向。同时，他也在其他专栏和期刊上发表文章。他是一名才华洋溢的多产作家，甚至连他的电子邮件都被认为带有文学性。在参加培训班的一天早上，艾略特就获得了一个顿悟。

下面引用的文字来自艾略特的第五本书——《原来叫“退休”》（*Formerly Called"Retirement"*）。在获得顿悟之后，他只花了两周时间就把这本书写完了。其中一段描述了艾略特和两个搭档在培训班一课上的对话过程。他得到的指示是：“你有一分钟的时间来分享想要获得顿悟的问题，然后就必须默默地倾听两个搭档的对话。”

轮到我时，我提出了问题。他们开始考虑我提出的简单、直接的问题。他们一共谈了 7 分钟，但对我唯一有价值的只有一处——唯一的 10 秒钟。这位年轻的金融家抬起右手，摸了摸自己西装左边的口袋，慢慢地说：“听起来，感觉艾略特好像还没决定为自己贴上什么样的标签。”

我的天哪！哦，我的天哪！顿悟在我的头脑里如同艳阳高照，它在激烈而尽情地燃烧着：我必须要做决定，不能任其发展。我必须要做决定！

我从没想过这些。我一直在等待，但什么也没发生。我非常沮丧，简直就要崩溃了，但仍然没有改变。我从来没有想过这些，这就像决定自己的身份一样简单。这并不是命运，而只是一个自由的选择：我想成为什么人？

嗯，我想成为什么人呢？

作家！

答案瞬间就出现了，而且非常明确。作家！这就是我一生的追求。作家！我就是作家，我选择成为一名作家。这是我的身份，从这一刻起直到永远。

哦，我的天哪！那一刻，宇宙中的一切都变得十分清晰。我是一名作家，不是“杂而不精”、什么都能写却没有任何代表作的作家。我希望自己成为一名真正的作家，像作家一样行事、像作家一样生活。

这个身份是如此地清晰。“我做什么”与“我是谁”之间存在区别。如果我是一名作家，就决定了自己应该要做什么，而不是由“我做什么”来决定“我是一名作家”。如果我是一名作家，那么我会像作家一样安排自己的生活，决定自己的优先目标，保护自己的自我空间。

现在，我的头脑里如花朵般绽放着要成为一名作家应做出的转变。要成为一名作家，我需要为写作创造一个舒适的环境。这就意味着一切与我新角色无关的东西都要被清除出去，任何无关的东西都不能占用我的注意力，任何让我分心沮丧的东西都应该远离我的生活，我需要一个安静的环境，好好地当一名作家。我需要在房子里找到一个新空间，将其用作“家庭工作室”来处理与作家无关的工作。从现在起，我真正的工作室只能用来写作。虽然我还没有做这些事，但我的感觉很好，就像它们已经完成了一样。

艾略特的整个叙述过程都值得你花时间认真阅读。我们之所以分享这个故事是因为艾略特总和朋友们分享这个顿悟，告诉他们自己是一名作家。但朋友们都知道他是一名作家，而且是大家熟知的最棒的作家。即使我们清楚地告诉大家这个顿悟对于艾略特来说有多重要，但对于大家来说，他的顿悟根本不是顿悟，这个顿悟太过明显和简单了。

从某种程度上来说，每个顿悟都指的是让你知道自己之前不了解的事，在进行有意识的思考之前，你无法用语言表达某一领域。这种无法用语言表达的个人顿悟可能十分重要。通常来说，越难表达的个人顿悟就越重要。对于艾略特来说，他花了 30 年都没有找到一个能够真正理解和分享自己经历的人。最后，他找到了神智学者西德尼 • 班克斯（Sydney Banks），他曾经为乔治 • 普兰斯基（George Pransky）的研究提供了重要的理论基础。

我简要说明了这件事，询问他是否知道这意味着什么。西德尼回答说：“嗯，我知道这对你来说是非常重要的经历。”我问他这究竟是什么意思。他回答："我可以告诉你的是，对你来说，这真的很重要。"就这样吗？我非常失望。这次我又没能分享成功，并且困惑了几个月。直到有一天，顿悟再次出现。这次的顿悟是：对我来说，这是一次重要的经历，但仅仅是对我来说而已。尽管顿悟极大地改变了我的生活，但对其他人来说，它无关紧要。但是，它对我来说意义非凡。

|顿悟自然而生，具有普遍性|

我们认为顿悟相当罕见，但其实微小的顿悟随处可见，只是常常被我们忽视而已：寻找一个新的比喻来为孩子解释未知的世界，弄清为什么青春期的孩子会做出让人不可理解的事，找到新的工作方法，找到另一半放在别处的钥匙，这些都是微小的顿悟。通过注意这些微小的顿悟，你可以从本质上肯定自己，也就越容易获得顿悟。

如果你仔细观察一两岁的孩子，你会注意到他们经常有新的认识。一些客户说他们陪孩子在地板上玩蜡笔和积木时很容易获得顿悟，因为他们此时最放松，能够从中得到新的想法和顿悟。

如果说得不到顿悟的原因之一是我们不去寻找，那么不善于倾听顿悟的声音是我们得不到顿悟的第二个原因，这个问题我们会在第 3 章中做进一步阐述。顿悟发出的声音通常都很小，它很容易被淹没在充满各种声音的活跃大脑中，这就像轻柔的电台声很容易就被周围的嘈杂声所淹没一样。当我们并不想听记忆思维中嘈杂的声音时，就需要放开自己，去倾听一直存在的新的想法。虽然顿悟的声音不够洪亮，但它会一直持续，直到问题得以解决。我们要做的就是抓住机会，不放过任何一个问题。只要我们认真倾听，每个问题都会出现解决它的顿悟。

你可能有这样的经历：开车经过一家商店四次，而直到最后一次，你才发现这家商店里有你需要的零件。由于某些原因，前三次你可能都错过了这个信息，没有注意到店里在出售你需要的零件，甚至没有注意到这家商店的存在。就像在电影《八月迷情》（*August Rush*）中，一个天才神童总能听见一些别人听不到的音乐，他问老师："有些音乐是不是只有一些人才能听见？"他的老师回答道："是的，只有一些人才能听见。"

下面是查理在与朋友讨论顿悟之道（TAOI）的例子。

最近一次很有意思的顿悟很难用语言表达出来，这是一种感觉。我跟一位朋友讨论顿悟之道，他是一所大学的心理系主任，同时也是疼痛治疗方面的权威。他说，顿悟的发生与精神状态的放松有关，这一发现对疼痛的治疗也有重大启发。他还说，让精神状态放松最简单可行的办法就是把呼吸频率降低到每分钟 5 次或者更低，而一般人的呼吸频率在每分钟 12 次到 15 次之间。

紧接着，他问了我一个看似极其简单的问题："呼吸是由几部分组成？"就像大家回答的答案一样，我答："两部分。"他指出，呼吸其实是由三部分组成：呼气、吸气以及放松，每个人都忽略了呼吸的第三部分。不知为何，这次顿悟深深地印刻在我脑海里。从那以后，每天早上我都会躺在床上呼气、吸气、放松，直到身体催促我进行下一次呼吸。把呼吸率降低到每分钟两次后，在每天早上起床时，我都能收获到一天中最多的顿悟，我相信对其他人来说也是如此。

整个过程对我来说非常重要，其中一部分过程对我更是造成不可想象的影响。故意放松是一个有效的基本因素，而其常常被人们所忽视。这次讨论结束之后，我开始建议我的客户（比如像我这样习惯于事事都提前做好的管理者）学会放松、学会休息，在停滞时学会观察。我使用这种方法的次数越来越多，与外部世界的交流也越来越顺畅。

当新的想法出现，无论多小的问题都能得到新的理解。有时，顿悟会携带其所有特征出现，但却缺乏有意识的理解。有些东西将会发生改变，但人们却很难说清它们到底是什么。有时，在获得新的想法之后，你会感觉很好，但此刻并没有对其产生具体联系。之后，你把新的想法与相关的东西联系起来，就产生了顿悟。这就像你在读过专业杂志几个月甚至是几年之后，又突然有了新的理解。

****

获得顿悟的关键是要寻找新的想法。当你看到未知事物时，将其加入记忆库，关注它们，你的顿悟就会在数量上得到增加，在质量上得到提高。记住，尽管顿悟和解决问题同样有价值，但两者有所不同。如果你只想寻找问题的答案，那么习惯会把你限制在对记忆库的搜索上。另一方面，如果你只是寻找顿悟，那么你潜意识中就能在记忆库和外部世界里找到创造性的解决办法。

THE ART OF INSIGHT

How to Have More Aha! Moments

02

找到顿悟的最佳状态

初识顿悟之后，让我们把大脑调整到能够获得顿悟的最佳状态。我们往往会发现，在散步或跑步、洗澡或沉思、与孩子玩乐或与朋友交谈、看电影或听音乐、睡觉或打高尔夫甚至在做白日梦时，顿悟都能时常发生，不同的人在不同情况下可能会获得不同的顿悟。

虽然顿悟出现时的情况各不相同，但获得顿悟时的大脑状态却大体相同，轻松状态被认为是培育顿悟的绝佳土壤。人们心态平和、不钻牛角尖甚至专注于其他事时，都可能获得顿悟。人们沉迷于深入的逻辑分析和数据分析时也可能产生顿悟，但沉思却最能引发顿悟。例如，注视魔眼图像时，如果你能轻松应对，就能看到时而藏匿本真、时而展现自我的图像。

获得顿悟的第二个关键就是保持清晰的大脑和平静的状态，

从而触发见解力、智慧力和判断力。要想获得更多顿悟，就要让大脑始终保持在这种能接收顿悟的状态中。随着你对顿悟状态有了更加深入的了解，你就知道该在何时、何处去寻找它，也会发现自己沉醉在其中的时间越来越长，甚至在不需要顿悟的情况下也会有所领悟。

清晰的大脑和平静的状态能帮助你触发见解力、智慧力和判断力。

将思维看作一个连续体。在连续体的一端，思维结构是严谨、刻意、私人的，你努力掌控其走向，推动其前进。你会感觉自己与思维密不可分，在那种状态下，自己本身就是思维，你在自己的头脑里控制它。在连续体的另一端，思维是自由散漫的，并没有敦促它前进的力量。大多数产生思维的过程中，你仅仅是一个被动的旁观者，任由它出现。思维有自己的方向和行为模式，你在做某些白日梦或临睡前的思想是徜徉的，但却由自己来引导。这些时刻你都在场，但却感觉不到自我的掌控力。如果再进一步，你就会迷失在睡梦中，无法控制自己的思维。“在场”是一个用来形容这个连续体末端的很好的表达方式，人们很少会在这种状态下产生积极的思维。

如果你像我们这样思考，就不能真正意识到思维处在顿悟连续体或意识连续体的哪个部分。解决问题时，我们尝试使用两种不同的模式，这就相当于连续体的两端。首先，要竭力思考，整理思维的碎片并使其相连。然后，遵其道以便得出合乎逻辑的结论，持续跟踪并判断哪些符合逻辑，哪些不符合。对你来说，这种模式熟悉吗？这就像有一把逻辑筛子，当筛子奏效时，最好的解决办法就被筛选出来。在第二个模式中，我们放下所有象征性的或真实存在的活跃思维，在一切形成之时，眺望远方，静静等待。我们故意抛弃积极的思维，看何物会应运而生。有时，我们就像身处梦境，问题会突然发生变化，随即展现出全新的视角。有时，我们又似在探索未知，混乱的思维会慢慢变得清晰而有逻辑，你可能也会觉得这种模式很熟悉。

你可能会经常寻求顿悟而不得，但当你沉溺于其他而非一味执着寻求顿悟时，顿悟便会突然出现，特别是享受或放松时，你得到顿悟的概率会更大。试想一个场景，当你尝试回忆某人的名字，但却怎么也想不起来，而当大脑转向思考其他问题之后，这个人的名字会突然出现在脑海里，对你来说，这种情况常见吗？在这个连续体的两个极端之间还有很多其他的模式，这些模式的本质并无优劣之分。试想一下，你穿上了一双溜冰鞋，你是希望以最正确的方式溜冰，还是被困在同一个地方呢？我们的大脑就像溜冰一样，喜欢毫不费力地工作。从准备税收表格到关爱家人，本能让我们把注意力放在当前最重要的事情上，我们可以集中几分钟注意力去做白日梦、追溯过去的记忆和再次返回现实。当大脑处于灵活状态时，我们会感到舒适，并且富有效率。

|获得顿悟的节奏和间歇|

一般来说，大脑获得顿悟时的思考节奏比平时慢。一开始，我们建议客户减慢自己的思维节奏；后来，我们发现这种方法不够有效。每个人的思维迥异，随着生活节奏加快，有些人能得到更多的顿悟，放慢速度反而会干扰他们的思维过程；而有些人则需要足够的思维空间慢慢思考。无论是需要光速一般的快速思考，还是需要蜗牛一般的慢速思考，顿悟都会比在思维的短暂停顿时出现得更多。

顿悟之道就是让自己掌控思维的节奏，拨乱反正，这需要足够的自我认识和自我实践。就像奏乐无定式一样，正确的思维节奏也没有固定的模式，调整顿悟节奏的关键是不催促、不压制。

一位朋友最近在练习古典钢琴时找到了一些训练方法：

令我吃惊的是，通过一些努力和练习，我能弹几首巴赫的《平均律钢琴曲》(The Well-Tempered Clavier)的前奏和赋格曲了。大多数钢琴家都证实巴赫的《平均律钢琴曲》是一组好作品，其部分原因是无论这组作品的演奏者弹奏速度是快是慢，他们演奏出的音乐都相当悦耳。尽管我的能力有限，但如果我慢慢地弹也能做到这点。当然，如果我的演奏速度很快，就会犯一些错误；但当我弹得太慢时，音乐听起来就不太对了。我遇到了挑战，这需要手和脑的协调统一。如果我找对节奏，那么我就是在做音乐；如果我没有找到节奏，那么我做出来的就不是音乐。就像古人常说的“增之一分则太长，减之一分则太短；著粉则太白，施朱则太赤”一样。

我们的朋友兼同事史蒂夫将其比喻成一场篮球比赛：“这是一场冠军争夺战。你们的球队控球，比分落后 1 分，时间还剩下 15 秒，此时的球员应该紧张还是放松？”

优秀的球员在这种情况下总想进球，他们放松并且自信，敢于直面现状，承担结果，把训练中做出的努力都集中在这一刻爆发。而一般的球员此时却非常紧张，急于求成。他们连呼吸都十分吃力，更不用说运用大脑和肌肉扭转局面了。他们把自己逼得太紧，几乎可以用“窒息”来形容他们此时的状态。

凯尔特人篮球队的传奇中锋比尔·拉塞尔（Bill Russell）曾经说过，即使身处逆境，大脑也要保持冷静：

凯尔特人的比赛时常交战激烈，对球员来说，这不仅仅是身体上、心理上的比赛，有时甚至就像魔术一样神奇，那种感觉难以言喻，我在比赛时也从不提及它。当它来临时，我能感到自己的比赛水平上升到一个新的层次。它造访不多，并且会随时发生，可能会持续 5 分钟或一节比赛的时长甚至更长时间。只有三四位运动员还不足以让这种感觉持续，它不仅萦绕在我和其他凯尔特人队员身边，还萦绕在其他队队员甚至是裁判员身边。

在那个特殊时刻，任何千奇百怪的事都有可能发生。比赛进入白炽化，我却感受不到竞争的压力，这也是一种奇迹。我会为比赛竭尽全力，就算是扭伤或咳嗽不止也不会感到疼痛。这场比赛进行得很快，每个假动作、传球、过球等都十分精彩，但我却不会惊讶，这些就像我们在做慢动作一样。

这时，我甚至能感觉到赛况的走向，甚至在对方队友进球前就有感应。我真想对我们的队员大吼：“他们马上要进球了！”但如果这样做，一切都会改变。

我的预感一般都是正确的，我不仅能预料到凯尔特人的情况，还能预见对方球队的情况，而且他们也知道我能预判这些。在我的职业生涯中有很多感动和高兴的时刻，但只有这些时刻会让我热血澎湃。

有时，这种感觉会持续到比赛结束，到那时，我就不再关心比赛的输赢了。我可以诚实地说，那是我唯一不在意输赢的时候。我并非夸耀自己是一名好的运动员，我尽力了，无愧于心。在那种时候，无论是有过 5 次还是 10 次预见才结束比赛，我真的不在乎到底是谁赢了。如果我们输了，我仍然会非常高兴。

很显然，安静的状态并不意味着整个人要归于平静。当你心平气和时，你的行为却并不尽然，就像比尔·拉塞尔在比赛时一样；而当你正处于激烈或融洽的辩论中，也有可能得到顿悟。在这里，我们使用“融洽”一词是因为在辩论时各方都不会感到生气、害怕或受到侮辱。

| 新想法的诞生之地 |

把你的思维想象成快餐店里排满托盘的传送带，把托盘想象成不同的思想，它们正以舒适的速度向清理站移动。思想进进出出，简单轻易地走到下一步，没有压力也没有紧迫感。每个托盘之间的空间——一次呼吸或者是一次停顿，就是新的想法和顿悟的诞生之地。

每条传送带的速度不一，但却很固定，不会让盘子卡住、相互堆积。真正的快餐店托盘上是一堆黏糊的杂物，思维会让你感到烦恼、焦虑或过于紧张，就像堵车一样堆积在一起。思想之间的空间过于狭窄，以至于没有地方产生新的想法。思想之间的空间越小，产生的顿悟也就越少。如果你感到充满压力、焦虑和担心，那么顿悟可能就不会出现。

当想要的答案没有立即出现，我们就会对这种空虚感到不适。我们为了填满空缺而搜索记忆库，毁掉了本可以带给我们新的想法的平静内心。当我们摆脱了这个烦恼，学会坦然面对未知事物时，那么我们获得顿悟的可能性就会直线上升。

我们的一个客户团队当时正面临一个棘手的问题：转换产品生产线要耗费过长的时间。那么，他们能做些什么呢？他们已经变得像热锅上的蚂蚁一样焦躁不安。我们建议他们去寻找空间，放松思维，尝试着不要思考与这个问题相关的任何事。在沉默了几分钟后，一个团队成员说出了自己新的想法——使用其他生产线的现有组件。加上这个组件，他们的生产时间从近一小时缩短成短短几分钟。人们关注思维的空隙，从而产生不同的角度来看待问题。

现在，请注意自己的大脑状态。你的大脑是安静的状态吗？你的思想之间有空隙吗，还是它们都堆积在一起？在你阅读时，你有没有试图加快速度尽快读完呢？此刻，只要你关注思想的质量，就能帮助你恢复平和的心理状态。只要你停止思考，让自己摆脱困境的想法，那么你就能回归自然的平静。

看到这里，你可能会觉得为了把思维调整到正确的节奏上还要做很多事，但事实并非如此。我们的实际操作要简单得多，你只需找到让顿悟感觉良好的状态，这点我们此后会涉及，你就能自己调整好思维的节奏。

| 找到顿悟感 |

找到顿悟感最可靠的方法，就是去感受它那种特有的良好感觉。这种良好的感觉包括平静、祥和与和睦。比如有一片一望无际的蓝天，所有的一切都是美好的。虽然这与运动员比尔·拉塞尔和表演艺术家所描述的预见很相似，但是，顿悟并不一定是巅峰的体验。顿悟更像是走在一条熟悉的回家路上：轻松、平静。伴随着顿悟，一种与之相关但又

> 帮助自己感受顿悟状态下的良好感觉是顿悟实践中的重要一环。

与众不同的良好感觉会到来，它携带着一种突如其来的能量和兴奋。想象一下，当你被一个问题所困扰时，一瞬间的顿悟就能解决这个问题，这是一种多么棒的体验。当某件事在你脑海里形成新的认识结构时，你的生理反应通常是微笑。

顿悟感是微妙的。在它来临之前，你可能会注意到它，但你通常都在问题解决时出现那种突如其来的兴奋后才感受到它的存在。一旦情况稳定，你就能感受到它，这时，你的思维会更加清晰、敏捷。当你处于此刻并体验时，顿悟感会更加明显。其他良好的感觉，例如，完成任务或长跑结束的满足感都与这种顿悟感有所不同。

你对这种感觉越熟悉，就越容易找到它。顿悟出现得越频繁，大脑处于顿悟状态的时间越长，你也就越容易得到顿悟。找到并确定这种感觉是顿悟实践中的重要一环，这就像晴雨表，它能反映每时每刻的思考质量。出现这种感觉证明你的精神状态良好，也意味着你与自己的慧心相连，整装待发，等待顿悟的到来。而当你没有这些感觉，只是感到抑郁、压力或生气时，就不可能得到顿悟。培养这种感觉能帮你找到更多的顿悟，事情其实就是这么简单。你在第一次尝试时可能会觉得寸步难行，但只需留心观察，随着时间的推移，顿悟就会更频繁地出现，尝试的过程也会更自然。

这个过程中最主要的就是把传感器（你的感觉）与仪表器（你的认识）连接起来，操作员（你自己）要实时注意仪表器上的数字。大多数人，尤其是男人，可能不会花很多时间去感受。相反，如果人们能够放弃原本的想法，会发现自己正在弄清事情的本末。在为人处事时，这可能是最有效的运作模式，不过我们要及时查看内心的晴雨表（感觉），保持能够获得顿悟的状态，

这就好比给朋友发送邀请函，你不必兜兜转转，将每一个朋友亲自带到家里；你只需发出邀请，朋友便会主动前来，而无需花费你更多的精力，你只需留心他们的到来，当然，切勿听不见他们到访时按下的门铃声。

生活中充满了各种与平和内心相关的例子：一个美好的日子，一艘船扬帆起航，一条完美的滑雪道，早晨起来的一个瞬间，晨跑之后的休息，冥想或祈祷后的平静。你可以用很多词语去描述这些情形，但却只能形容它们，并没有抓住其本质。你对许多深思的描述常常言不尽意，但如果能铭记这些时刻，你的前进方向就是正确的。

| 失去和恢复顿悟的心态 |

平时工作时，人们无法在调整顿悟的心态上花费过多时间。任务堆积、限期将至、会议电话已经花费了太多时间，这些占用了顿悟的状态，降低了我们的思考品质，而且我们还经常不自觉地陷入到烦恼、失望、恐惧和其他形式的消极思维中。虽然这一切都来自于思维，你可能认为自己能够注意到并且开始着手改变，

然而不幸的是，因为我们的思维质量太低，有时很难意识到自己深陷泥沼。这时，我们的思维会变得愚钝不堪，不好的感觉会萦绕全身。

更不幸的是，在这种情况下的大脑大多会进入低产状态，例如过度分析、睡眠不足、绩效不佳、销量过低、遇到心情不好的同事、饮食上的改变或身体上的疾病等。人们生理和心理上的压力会打乱他们的计划，因此应该对此有多种应对措施。有些事物可能会打扰某人，但却不一定会打扰其他人。即使没有被打扰，我们的潜在思维也会迫使我们变得忧心忡忡、过于挑剔，进而陷入更糟糕的精神状态中。平时，我们无视这些正在逼近的暴风一般的思想，只顾继续前进，但越向前进，我们的精神状态就越糟糕。我们的创意越来越少，错误越犯越多，并且忽略了自己的精神状态。

> 认识到思维与体验的关系能够抚慰我们的坏心情。

我们改变的第一步就是认识到自己的精神状态不好。当失去良好的感觉时，我们可能会感到束手无策，但是，只要稍作停顿，至少不要急于做出重大决定，等待状态恢复了再继续。停顿的时间有时很短，有时则要休息一夜。

当然，除非思维发生突变，否则缺失好感觉及停下手头事并不会改变你的体验。认识到思维与体验的关系可以抚慰我们的坏心情。这种方法可能不会百分百奏效，但有意识地去寻找愉快的感觉也能让自己走出情绪低谷，回归平静。

我们的同事罗宾就曾意识到，当深陷泥沼时，他试图反抗所做的事（包括尝试恢复心情等）都不能完美地解决问题。我们经常会加班半个小时来处理邮箱里的邮件，尽管我们对此不忿，但却常常这样做；而我们第二天会发现，前一天加班的半个小时内发送的回复邮件问题很多。这样，我们不得不重做一遍，必要时还要优先完成这项工作。这是怎么回事？加班半小时本身并不是导致我们工作质量差的原因，原因是我们“不愿意这样做”的负面情绪影响了自己。

如今，当罗宾发现感觉不对时，他就会停止一切工作，直到精神状态恢复。经过不断练习和花费耐心，他只需几分钟就能恢复过来，然后继续工作。

当我们尝试摆脱负面情绪时，所想的对策往往是低质量的方法，很少能成功。只有使用积极想法代替消极想法、转移注意力等好的想法才能转换思维。不幸的是，用大脑去战胜大脑是永无休止的工作。幸运的是，所有的努力都不是必要的。我们生来就有一个简单的晴雨表可以用来判断思维的质量或是否存在良好的感觉。

你可能认为意识到状态不好是改变状态的灵丹妙药，但这其实并不是问题的全部。低落的情绪非常顽固，认识问题只是关键性的第一步，它能让你变得沉着，意识到这种糟糕的感觉不需要一直持续下去。

人的状态往往很容易恢复，让人惊讶的是，它很快就能恢复原状。想象一下游泳池里的篮球，它自带浮力，能让自己一直漂浮于水面。而想把球控制在水下却需要付出努力，就像要带着压力去思考。如果你不去按住篮球，它就会浮上水面。同样，如果你放松思维，它就能回归平静。恢复状态并不需要出新招，而只需放手让它回到初始状态。显然，这与生活中其他领域的事大相径庭。例如，锻炼就需要多做而非少做。为了获得顿悟的状态，你只需要放松内在机制，让它去做自己的本职工作。你的状态就像没有掌控的篮球，它能在没有任何外力作用下回到水的表面。放松，让心灵回归平静，寻找良好的感觉，一切自然就会变好。

罗宾喜欢用汽车仪表盘上的“傻瓜报警器”来形容自己的预感。失去了良好的感觉吗？红灯亮起！正如仪表盘上的灯，这种机制并不是万无一失的。如果你不注意看仪表盘而不小心把汽油用完，就会遇到麻烦。随着时间推移，他已经能辨别出何时预感足够、何时会出现预感冗余，如果错过了一个预感，他会注意到另外一个。

我们有不同的方法让篮球回到自然的状态。幼儿最擅长这样做，因为他们还没有形成固定的思维。如果你是一个孩子，有人拿走了你的玩具，你会觉得世界坍塌了；之后，你闻到厨房传来鸡爪的香味，顿时你的精神世界里充满了美味的鸡爪，之前坍塌的世界也消失不见了。而作为成年人，我们已被训练得只顾抓住篮球不放。对于拥有健全的分析型思维的人来说，是否拥有回归平静的能力尤为关键，但这就像使用记忆库里的想法一样，不能过度使用。

| 顿悟之道并不仅仅是技术，也是艺术 |

我们尝试做各种各样的事来使自己进入顿悟的状态。有的人散步或跑步，有的人休假、逛花园或祷告，还有的人选择静静地躺在沙发上、享受舒服的沐浴或吹萨克斯管。在办公室里，当我们发现自己的精神状态不好时，我们会站起来，做一做拉伸运动，或走到窗边看看云，这些都能起到缓解作用。我们有位客户是行政人员，她总能在看过电影后获得最好的顿悟。她承认，平时自己的大脑总是处于忙碌状态。当她去看电影时就会获得视觉体验，这能让她从习惯性思维里摆脱出来，就好比让篮球自己浮出水面。另一位客户说当自己的思维陷入僵局时，他常常站起来走一走。还有一位客户说自己安安静静地坐着、随意写写也能起到很大的作用。

所有这些行为都有可能会起到作用，但没有一种解决方式是适用于所有人的，如果真有万金油，应该早就被发现了。这些方法可能有用，但都是根据个人而言的，只要你感觉正确就可以使用，而不一定需要特定的处方。当然，也不能特别依赖某种特定的方法，有时，你发现的任何一种方法或自己形成的心理规律都可能起到反作用。那些习惯使用固定方法的人要注意，偏好有时会干扰顿悟状态的回归。

与一系列技巧和方法相比，通往顿悟更可靠的方法是去理解和感受。这就好比在体育比赛或艺术比赛中，正确获取顿悟的方法是任其自由发挥，它能让你挣脱束缚，活在当下。你现在正在经历什么？伟大的篮球运动员比尔·拉塞尔熟知比赛规则、原则、技巧和机制，但赛场上的所有行动都是由当前需求所决定，而不是由球员对比赛的看法所决定，顿悟之道也是如此。

与一系列技巧和方法相比，通往顿悟更可靠的方法是去理解和感受。

对于某些人来说，这种习惯的转变会异常迅速；而对另外一些人来说，这种转变可能会需要很长时间。马尔科姆在几年之前意识到思想状态的重要性。那段时间，他通过自己命名的“内在智慧”而获得了信仰。随着这种信仰的发展，马尔科姆越来越相信自己能择其重点，相信内在智慧能帮助自己把注意力放在重要的事上。有的人认为这种转变需要充分的注意力、耐心和训练，但好在这些训练并不繁重，它们能让你身心舒适，还能帮助你增强创造力和判断力、减少犯错。只要你简单地生活并且找到那种良好的感觉，顿悟就会出现。

****

顿悟的产生是世界上最自然的事。我们每天发现的新事物都是自己微小的认识和顿悟。获得更多的顿悟并不需要做出更大的努力。正如我们解释过的，在现实生活中，做出更大的努力可能会适得其反。我们只需认识到顿悟发生时应有的状态，然后据此经常调整状态。顿悟的状态并不包括大量的内心独白，它并不是让人停止思考，而是让人不去刻意绞尽脑汁思考。达到顿悟的状态并不一定需要技巧，你只需注意那种感觉。有时，尽管由于疏忽你可能对这种感觉的熟练程度有所下降，但这一切不是全新的，你必须重新认识自己这种天生的、与生俱来的能力。如果你能后退一步、找到这种良好的感觉，那么你的思维就能得到提高。这种改变可能不是瞬间的，但它却是可靠的。

THE ART OF INSIGHT

How to Have More Aha! Moments

03

顿悟是一种聆听的心境

无论你是对自己还是他人有更多的顿悟，顿悟的关键之处都在于聆听，而且这种方法特别奏效。我们将顿悟称作一种心境可能比称其为过程更为贴切，这种心境被称为顿悟聆听。

我们与一起共事的人都能在顿悟聆听的学习中获益颇多。从我们的客户群中得知，他们经常在不经意的交流中获得顿悟。这些交谈包括私底下的谈话、小团体里的讨论甚至是自言自语。早晨上班路上的脱口秀广播节目可能让你顿悟闪现，甚至在为无聊的推销言辞烦恼时你也可能灵光突现。其实，你并不需要刻意参与谈话以触发顿悟，获得顿悟的关键在于**如何聆听**。

想要获得更多顿悟有两件事很重要：一是接受一些寻找顿悟的训练；二是关注获得顿悟的心理状态。尽管这两件事看似很简单，但除非你具备顿悟的天赋，否则你就需要在此花费不少时间和心思。

没有捷径能一蹴而就，使你立即达到顿悟的心境。因此，顿悟聆听可能是获得顿悟的最好机会，它能暂缓过度的思考。人们使用顿悟聆听的方法让自己达到顿悟的心境，从而增大获得顿悟的可能性。

在前几章里，我们曾告诫人们切勿过度使用直达顿悟心境的技巧。这些年来我们发现，在很多情况下，有些过去认为有用的方法却经不起时间的考验。我们的思维阻碍了顿悟心境的实现，我们使用的技巧和方法还需要添加有意识的思考，而这恰恰就是我们在寻求顿悟时应该抛弃的东西。这就好比用思维去对抗思维，头脑中同时存在如此多的争论，自然会阻碍顿悟心境的实现。

你会发现，帮助人们达到顿悟状态的方法或技巧具有一定的价值，而当人们暂时使用它之后，终究还要寻求更为灵活和持久的方法。你需要寻找那种无所不在的、连接你内在心智的方法，它会指引你到想要去的地方。寻找一种心态，它将促进你在那一刻自发生成需要的任何想法、顿悟或想法，你会对此结果感到满意。

当你意识到自己在过度思考这个简单的认识时，你的心态能得到放松，从而更容易接纳再次生发的顿悟。

| 如何聆听别人 |

人们有各种各样聆听的方式。我们常常试图记住别人说的每字每句，以便之后能够精确复述而不走样。早在学校念书时，我们就学会了这样的聆听方式，但在我们照做之后，能留给自己的思考空间就非常少了。有时，我们还将自己的所听与所知进行对比（“这个人说的是好点子还是全部都是废话呢？”）。我们也许不愿承认，我们常常没有做到全神贯注地聆听。对所有这些聆听到的内容，我们都是将想法输入大脑进行思考并推论。我们埋头聆听自己的想法，专心准备自己的下一个观点或论点，然而却没有抓住别人说话的核心。或者，我们沉迷于自己的想法而完全没有聆听，最后就像做了场白日梦，对于别人说话的内容毫不知情。每当出现这种情况时，我们总是思维活跃，只专注于自己头脑中的谈话。

顿悟聆听是一种自然而然就发生的状态，它更多的是人们对于当下和沉思的关注，而非积极主动地参与。当你处于顿悟倾听的状态时，你要清空自己的大脑并搜寻新的想法。不要刻意去训练自己的大脑，试图搞清问题或判断什么至关重要。通过实践，你可以使用这种聆听的方式得到更多、更富有创造力的思维。这种状态类似听音乐。当你在听音乐时去除心中的杂念，音乐便能触及你的灵魂，与你的灵魂相融合。然而，如果你想得太多，音乐和你便是两条互不相交的平行线。顿悟聆听也是如此。这个理念就是让话语如冷水般劈头盖脸地浇泼你的全身，但却没有触碰到你内心的任何想法。最理想的状态就是——你的大脑在以最适宜的方式运作。你不是在思考，也不是在行动，只是按照你所听到的内容进行操作。我们聆听时，会有意识地进行思考，而且常常阻止新思维的萌发。而我们运用顿悟聆听的方法，可以摆脱理性的思考，理解具体的内容。在这种聆听形式中，不会有任何特别的东西堵塞你的思维，一切都很容易理解，任何重要的东西都会以顿悟的形式浮现在脑海里。

顿悟聆听的状态就像你第一次看一部好片的体验。你能尽情享受一场影视盛宴，是因为我们放下思考，全身心地沉浸在电影情节里。如果看电影和看影评一样，你会费尽心思评价演员阵容、造型和灯光，这就失去了原本看电影最重要的部分：穿越时空的体验。这种体验就像你看一场演唱会、读一本小说、欣赏一幅画作一样。当你主动开始分析时，你会有亲身体验的感觉；而与之相反，你则会经历另一种完全不同的体验。对这些事进行理性的研究没有问题，但你如果随意受它们摆布，就不要期待有一场情感体验了。激发顿悟最好的方式就是从反思、看电影的状态里走出，暂时停止理性思维。这就是顿悟聆听。

我们的同事肯·曼宁（Ken Manning）这样描述道：

我们谈论聆听的一种方式就是我们正在做的某件事，这就像我们因现状而得到好评。但我们可以聆听其内在发生的事件，就像聆听心跳一样。我可以说自己正在看，甚至能指导这种体验，但无论如何，这种行为还是发生了。与聆听行为一样，它是一种自然的机能，无论你指导与否，它都会发生。

| 顿悟聆听与新的想法 |

顿悟聆听的根本目的就是促成顿悟的心境，从而产生新的想法和顿悟。下面我们将更详细地阐述关于寻求新想法的聆听，在你完成本章练习的过程中，要记住这就是你的终极目标。你拥有的新想法越多，顿悟拜访你的概率也就越大。练习顿悟聆听的方法就是训练自己以新的方式思考，分辨新的想法和顿悟心境，当然，发现顿悟的来临也同样重要。

| 练习顿悟聆听 |

这些年来，我们用尽各种方法来帮助客户进行顿悟聆听。对大多数人而言，最难的是聆听自己的心声。或许是因为控制思维本来就不易，所以对大多数人而言，还是从比较轻松的聆听开始吧。

当你同一群人在一起并且不太引人注目时，这是你练习顿悟聆听的最佳时机。比如在听音乐会、看戏剧、看电影、听演讲、听布道或上课等场合，你可以自行安排短时的培训课程。先练习一分钟顿悟聆听，然后转为内容聆听，并且可以反复转换。这有助于你熟练运用两种模式，同时熟识顿悟聆听的感觉。

当你练习顿悟聆听时，试着忽略说话者的谈话内容，而转向注意其隐藏于话语背后的情绪。培养对情形的感知能力：这种话语造成说话人一种什么样的心境？是鼓舞人心的？还是沮丧的？害怕的？麻木的？在很多方面，用自己的心理状态作为晴雨表很有帮助。它会告诉你别人是如何想的，让你摆脱自己的记忆思维或过于沉迷现状中，使你获得更多的顿悟。

我们脱离有意识的思考能力会使思维之间的自然空间更加开阔，从而使新的想法得以浮现。

你应该掌握自己最新的思维动态。你的情绪有没有波动？头脑中是否思绪奔涌？这些都是人之常情。试着让你的大脑停止思考一会儿。起初，这可能有些难度，但只要多加练习，停止思考一会儿就会变得容易。几分钟内，你减缓了大脑的思考速度，避免了过度的脑力消耗。接着再来一次，试着在更长的时间内减缓你的思考速度。

大脑里来来往往、川流不息的想法，都源自我们生活中丰富多彩的经历和记忆。它们来也匆匆、去也匆匆，但当我们坚持其中一个想法，感受到它带来的负担并将其抛在一边时，它却依然支配着我们的思想。这些都没有关系，当然，如果想寻找一个新的想法，但只对自己过去的经历感兴趣时，我们就必须抛下那些旧思维，不能被它们纠缠不放。当你越来越了解自己的想法时，抛弃一些想法便是很自然的事了。我们脱离有意识思考的能力，会使思维之间的自然空间更加开阔，从而使新的想法得以浮现。

我们遗忘了其中一个事实：思考需要花费我们的精力。在练习顿悟聆听和抛弃旧思维时，试着关闭平时用以思考的精力闸门。这就是“少即是多”的理论。记住，我们的本质属性是如此深刻，所以抛弃废话和过多的顾忌，活在当下。

如果你偶尔发现这些起不到作用，也不要泄气。任何人在忙碌时都会这样。

现在，练习抛弃旧想法。一旦你发现自己在刻意思考时，就要对自己说：“不要再想了。”让你不再考虑这件事，并不是要你用其他想法代替，别在原有位置放置任何东西，而要好好享受一下虚无的状态。

你不要过度投入其中。你的直觉比智力更懂得如何做好此事。你也不必纠结去学现在不知该如何做好的事。相反，放手一搏，你终归能做好它。倘若你享受这份顿悟心境的良好感觉，你会发现自己正走在正途上。尝试着去做吧，边走边看。你会从中感到舒适，并最终对其深信不疑。

在小型会议里，与几个人一起练习顿悟聆听也是一个很不错的方法，前提是你并不只是嘴上说说，而是真正将其付诸实践。这个场合中的一个好的策略就是全神贯注。其中一种方法是在练习时与说话者进行深度的眼神交流，另一种方法是来回打量说话人的眼睛和他头上的一束头发。不论是哪种情况，你要仔细观察说话人的表情，而并非记住其谈话内容。你将“聆听”顿悟心境的感觉，而那是说话人领悟不到的。

与人数很少的小组成员一起练习的缺点是，你可能会被注意到。若你以某种方式被要求复述刚才听到的内容（“拉里，说说你对此的看法？”），你的第一反应肯定是想停顿一下，寻找新的想法。如果像做白日梦一样完全沉浸在别的事情中，或许分享并不是一个好点子，而你一直寻找的新的想法就是刚才说话人所谈论的话题（如果不是有意识的，也肯定是你潜意识里所关注的）。为了避免尴尬的冷场，你可能要说实话：“嗯，我正在思考你刚才说的。”这两种情况中肯定有一个是真的：你要么此时无言以对，要么会向大家分享新的想法。

| 找一个搭档练习顿悟聆听 |

在众多练习顿悟倾听的有效方法中，其中之一就是找个搭档。在一对一的顿悟聆听练习过程中，双方相互了解，完全融入，其效果是一般谈话难以达到的。

以下介绍的是一些简单的练习，你可以与一位朋友或同事对练，也可以用我们的“顿悟之道在线学习”网站（TAOI Online Learning）进行练习。我们发现，在与我们同事一起工作时，你可以轻松掌握顿悟之道的方法。换言之，你会发现，招募一个伙伴与你一起练习要比你自己一个人练习的效果好很多。遇到这种情况，你需要通读以下部分，学会如何展开两人之间的对话，然后跟你信任的搭档进行练习，但你要有思想准备，别人可能不像你那么了解练习的要领。

练习

心无旁骛地聆听

概述

该项练习的目的就是训练你在与搭档练习的过程中，尽量不要将个人意志强加于人。

准备阶段

首先，两人一起回顾练习部分的目的，就是让聆听者在聆听时尽可能摆脱个人的思维活动。练习前，抽一点时间讨论你们对于顿悟术语和**新的想法**的认知，这将使练习有一个良好的开端，自然而然就会把你带入顿悟的状态。最后，你们需要花点时间互相向对方描述一下自己感受到的顿悟心境，只有这种心境到来时，你们才会感受到。这个重要的过程主要用来引导你无意识的心理高效发展的方向。

实战阶段

两个角色（一个说话者，一个聆听者）。先选择说话者，让聆听者控制时间。

说话者用 3 分钟时间来描述一个自己感兴趣的话题。这个话题可以是任何主题，如女儿的足球比赛、近来喜欢的电影或新开的饭店。这个练习最好不要采用说话者本身不喜欢的话题。相反，说话者应把重点放在自己想得到顿悟的最近一笔生意或个人问题上。听话者应心无旁骛地仔细聆听。也就是说，聆听者在倾听过程中产生的有关话题的旧想法或联想都应该毫不留情地予以抛弃，而回到顿悟聆听中。在大多数情况下，聆听者既要慎言，也要静心。许多人都认为这很难做到。

练习

双方都要注意谈话的氛围。如果彼此的好感渐行渐远，其中一个人要予以提醒，以便他们重新回归良好的氛围。

当 3 分钟时间一到，讲话人应让聆听者花几分钟时间回答以下问题：

- 它是什么样的？是什么感觉？
- 你可以保持多久的内心平静？
- 如果你陷入自己的思考中，会发生什么？你如何找到回去的路（如果要找的话）？

在这个练习中，你可能会遭遇尴尬的冷场。不要气馁，第一回合出现这些情况实属正常。很快你就会发现，冷场实际上有助于激发顿悟聆听，从而给新想法的到来留下空间。

转换角色，使你们有机会体验不同的角色。最后，你能更好地掌握这种方法，从而心无旁骛地聆听。当你在本章提到的其他练习中获得进步时，你会发现很容易就能掌握这种聆听之法。

分散注意力和抛弃旧想法

在某个时刻，我们几乎不可避免地在头脑里进行一场自身的对话。在这种情况发生时，我们尽力将其搁置一旁，然后再让大脑回到之前的空白状态。这种头脑的内部对话会阻碍顿悟的发生。你会轻易就被新的想法所左右，偏离自己原本的思路。如果你发觉自己正处在这种情况下，赶紧叫停，并且心无旁骛地回到聆听的状态。这样似乎具有挑战的意味，但我们总会重蹈覆辙。当电话响起时，想象你正与某人处于激战之中，你会抄起电话与另一头的人吵架吗？当然不会。你会转变自己的思维，自动地、也是无意识地做出转变。另一个例子是，如果你刚处理了一通麻烦的电话，你也会这样做。你的肾上腺素还在飙升，而你此时的脾气是火爆的。你在接电话时可能就已经大发雷霆。在将要开始安排大厅里的下一个议程时，你只需一会儿，深吸一口气，你的火气便渐渐消失了。当会议开始时，你可能会提及自己有些紧张，然后为自己此刻的烦躁而致歉。

有位经理深陷在一桩非常麻烦的官司中。他发现，自己一直都在处理这个官司，并且对对方的行为感到愤怒，同时也十分关心自己将如何进行辩护和报复。一天晨练时，他再次为这桩诉讼陷入冲动的情绪中，一整天都因为此事而感到烦躁不安。他有意识地排斥有关诉讼的所有想法，迫使自己忘掉一切烦恼，以免毁了散步的心情。但不到两分钟，他再次沉陷在这种情绪中不能自拔。他又一次下定决心，放下有关诉讼的所有想法。然而几分钟后，他又一次陷入这种情绪中不堪其扰。这种模式反反复复，每次他都付出更多的心力，不让自己被头脑中烦人的自说自话所诱惑。随后，奇怪的事情发生了。他开始享受着生活和晨练带来的极好的感觉。20多分钟过去了，他再也没有想起有关诉讼的事了。

直到今天，他也没弄清自己脑子里到底发生了什么特别的事。也许那些不必要的想法还没完全驱逐干净，但与此同时，头脑中出现的短暂明晰就如同海面航行的大船缓缓靠岸，他看见了越来越宽的陆地，而他看到的陆地范围在一次次反复靠岸中不断扩张。

无论情况如何，他所做的严格训练似乎都是出现短暂明晰的原因之一。他通过每次短时间清理大脑而记住了这种获取平和状态的可能，哪怕这种可能只是转瞬即逝。从那时起，尽管他的头脑中频频回溯那些有争议的想法，但这些想法已经不能以同样的方式禁锢他的思想。在这件事发生若干年后，这个人有时还会被卷入思想风暴之中，但他知道，这些事在本质上都是暂发性的，所以他不再受其禁锢。

顺便说一句，糟糕的想法并非是唯一使人分心的事。我的朋友特里安就告诉过我，一些新的想法同样会让你心神不宁。

有时，我即使真的费了很大心力去听，也全身心地投入到谈话中，但还是经常会被新的想法弄得心神不宁。在我独自在河边散步或安静地听有声读物时，类似这种场景就越发清晰。当想法突然一个接一个涌进脑海时，我已经放下了书本。它们通常是新的想法，也与我一直以来思考的东西相关。那么，既然来的是件来之不易的好事，尽管耳中的耳机还在播放有声读物，但我再也听不进去。当新的想法中止，我的思路又回到了书本上。这时，我不得不重新播放有声读物，因为我根本没有听进去前面的内容。当我独处时，发生这种情形的确令人兴奋，感觉妙不可言；但如果这种情形发生在谈话场景中，结果就不见得是这样了。

聆听新的想法与读书、看戏、听音乐并没有什么区别。

你要遵守自己定下的有关聆听的规则。在顿悟聆听的过程中，你不必过多地反复聆听，而只需自然地、毫无干预地聆听。这就像躺在沙滩上心无旁骛，而后某个想法到来，分散了你的注意力。如果因为分心而烦躁不安，那么你会更加心事重重，还会陷入一场有关分心的、混乱的自我对话。你另外一个选择则是任由波浪从身边经过，回到阳光下美丽的沙滩，快乐地活在当下。

练习

获取新的想法

概述

在开始顿悟聆听练习时，你常常会感到茫然无助，疑惑重重。不要紧，我们会向你释疑解惑，但最后需要说明：为了让新的想法到来，你应该学会聆听。在练习过程中，切勿在意是否会有顿悟产生。你只要时刻留心新的想法，顿悟就会到来。如果只是一心想得到顿悟，实质上你是在绞尽脑汁刻意为之，这将妨碍顿悟的出现。相反，应该轻松引导新的想法的到来，并期望其中会有顿悟的到来。你越是有意识顺从于新的想法的未知指引，就越有可能听到顿悟到来的脚步。你可以参考我们的网站“顿悟之道在线学习”。

聆听新的想法具有一定的意向性，但正如大多数有意识的行为一样，它并非一件很费力气的苦活，与读书、看戏、听音乐并没有什么区别。

准备阶段

在此项练习中，你需要寻找一位搭档，与你一起顿悟聆听。首先，你需要学习一遍基本规则，明确此项训练的目的，也就是尽可能产生更多新的想法，以及关注伴随顿悟到来的感觉。练习前，与你的搭档花点时间相互探讨一下各自对顿悟术语和新的想

练习

法的认知。这是个不错的主意，能让你自然而然地就进入顿悟状态。最后，再与搭档花点时间聊聊各自对于顿悟心理状态的感受，为更好地感受到顿悟的到来打下基础。

实战阶段

设定两个角色（说话者和聆听者）。其中一位作为开始说话的人、聆听者来控制时间。

第一部分

说话者向聆听者描述最近可能给自己带来顿悟的一笔生意或一个个人问题。规定时间是 2 分钟，说得太多会妨碍练习的进度。当聆听者聆听时，要先放空自己的头脑，做到心无旁骛。也就是说，与此话题有关的无论是旧想法还是新想法，聆听者都必须放下，而必须把心思放到顿悟聆听上。

第二部分

这个部分中，说话人要继续进行一项“获取新的想法”的练习，规定时间为 3 分钟，说话者要尽己所能，只能陈述自己头脑里出现的有关情形的新的想法。这意味着将会出现长时间的冷场，而后就只剩下人们的三言两语。这似乎显得有些不太正常，不像一个正常的谈话过程。说话者的规则也非常简单：要么陈述一下对于这个话题的新的想法；要么就心无旁骛地聆听，获取一个过去从未有过的想法。

在第二部分练习过程中，聆听者要做到心无旁骛地聆听，并感受新的想法所带来的冲击。这个新的想法可以是说话者提及的某种东西，也可以是从未听过的新鲜事物。无论是何种情况，人们都会铭记在心。如果说话者说到的某件事打动了聆听者，聆听

练习

者就应该大声道出（“哇，听起来真够新鲜的！”）。这样做会鼓励说话者，然而在大多数情形下，聆听者应当保持沉默。

对于搭档双方来说，尤其不能忽视谈话过程中的气氛，因为一旦有人意识到气氛糟糕，经过其中一人的提醒，他们便可以回到原先好的氛围中。

第三部分

一旦说话者完成了3分钟的“获取新的想法”之后，他们就要相互交换一下对于这种体验的感受。说话者和聆听者都应该相互讨论一下自己领悟出的新的想法。

这三个部分组成了“获取新的想法”的一个完整的循环过程。如果你喜欢，你们还可以交换角色并重复练习。

铭记心间

练习结束后，对于新的想法究竟为何物，人们大致会有一个很好的认知，也已经培养了自己心无旁骛的聆听能力。这里重新描述一下这个情形：你正在心无旁骛地听人说话，而且感觉对方平静、温和、深思熟虑以及不采用批判的态度，你欣赏他的言语。当他说起新的事物时，你也会有同感。也许这不算顿悟，但你们都感到新鲜。你至少能感觉到它与老生常谈有所不同，这些言辞背后隐藏的东西会影响到你。从这点来说，你感到刚才的说话内容使自己能够更加积极主动地思考。选择避之不谈、回归平静的心态，会再度出现新的想法，你也能从中受益。这种事会贯穿整个练习过程，从某种意义上说，你们之中必定有一人会获得真实的顿悟。

练习

新的想法和顿悟辅导

概述

这个练习建立在前两个练习的基础之上，有两个目的：首先，使说话者在自己热衷的事上获得新的想法；其次，让聆听者学会辅导和帮助说话者获得更多新的想法。请浏览我们的网站“顿悟之道在线学习”的演示。

准备阶段

在此项练习中，你需要再次找个搭档，这次是聆听和辅导新的想法方面的练习。首先，通读一遍基本规则，并明确本节训练的目的。在开始之前，也请你花点时间与对方互相描述一下各自对于顿悟心理状态的认知，以便在其到来时注意到。

实战阶段

有两个角色（说话者和聆听者），选择其中一人作为开始说话的人。说话者开始说话，聆听者控制时间。

第一部分

说话人用 2 分钟时间描述自己热衷的事以及希望获得的新的想法或顿悟。聆听者在聆听时要做到全神贯注。

第二部分

说话人现在有 4 分钟时间继续进行“获取新的想法”的练习，来更加深入了解自己所需。聆听者作为说话者的教练，需要再次尽己所能做到心无旁骛地聆听。

这两部分形成辅导新的想法和顿悟练习的一个完整循环。如果喜欢，你们可以在此交换角色并重复练习。

练习

铭记在心

首先，当你作为聆听者或教练时，你要与说话者保持密切的关系，并且要认真对待让说话者感到对立或任何可能对其造成压力的事。你要鼓励说话者按自己的意愿去发现一个全新的观点，经常询问说话者的想法也很正常（“这是一个原有的想法还是新的想法呢？”）。当你被别人所说的打动时，你要承认这非常有用。你可以提供一个最真实的新的想法，但在通常情况下，教练只是起到提点的作用。

不要过问情形的有关内容和细节，过多地关注说话者的内容会妨碍你寻找顿悟的能力。你可能已经背熟了说话者提供给你的所有事实，甚至可能为其提供了建议或解决问题的最好方法。然而，要是这样的话，你很可能就不会获得顿悟了。

不要以你的理解去解读说话者的意思，否则，你会忽略说话者的感觉以及可能随之而来的顿悟。顿悟聆听练习要求你聆听并关注说话者话语背后隐藏的信息。他真正想传达的是什么？谈话的感觉与其内容同样重要。

不要提供任何相关的建议。你不需要思考如何解决说话人的问题，不管你的点子如何高明，也不要提供自己的解决方案，你可以在训练结束之后再将其拿出来分享。你在试图解决问题时，往往会有意识地借鉴记忆，试着把脑中支离破碎的东西拼凑在一起。或许，更重要的是，你一直被束缚在自己搭建的框架之中。你需要走出那个框架，不要再提供外行的和毫不相干的新想法，它可能正是那个触发你搭档灵感的重大顿悟。

如果说话者在记忆思维中停滞不前，你可能需要轻轻打断他。比

练习

如，你可以说："等等，吉姆。"你还能找到其他一些有用的说辞："再给我提供点新的想法。""你还有什么其他看待此问题的方法？""你还有什么问题？""我很想知道你此刻在想什么？"我们经常习惯地说："如果你现在没在想正在思考的问题，那你在想什么呢？"

尽管你没有刻意聆听说话者所说的内容，但你经常能意识到，说话人陈述了某些看似互相矛盾的东西。如果你问到了这个矛盾，说话者也能看出这种差异，也许这就是他无法找到解决方法的根源所在。通常，人们遇到的挑战不在于现实的情形中，而在于如何认识这个问题上。或者，你可以拾起那些在你看来还未得到解答的线索，通过重新思考这些线索，说话人能有新的联想，并遵循新的想法进行思考。

暂且想象自己是聆听者或教练，你的搭档正在花几分钟时间报告自己所处情形的具体细节。在他描述这个问题是多么难以解决且复杂时，你却对他描述的细节或内容心不在焉。你脑子里没有记住他所描述的内容，而只记住了他的挫败。当你直言这个事实时，你的搭档却感到莫名的释然。他会说："吉，你是对的，谢谢你明白我的心思。"你们之间的默契又提升了，他的心也安定下来。谈话的主题也会随之发生改变。聆听者可能会问："哎，那你如何看待这个挫折呢？"我们希望出现什么来弥补他所遇到的挫折，如果足够幸运，他或许会获得一个解决初始问题的持久顿悟。

在很大程度上，大多数谈话管理都依赖于谈话的内容和目的。我们的一个同事坐下来，以这样的方式与他的孩子一起联想、全神贯注地聆听。从某种意义上来说，他的任务就是陪伴孩子，而

练习

并不是寻找顿悟。当他接到一个客户有关生意上遇到具体麻烦的电话时，他此时的目标就是寻找顿悟。只要用心聆听，他就能根据当时所触发的新的感受和相关认识来设计谈话和问题。

| 聆听顿悟谈话 |

现在，你已经知道如何进行顿悟聆听，以及如何帮助他人获得更多顿悟。而且你可能也意识到，筹备如此简单的会谈根本就谈不上任何的管理。获得顿悟的关键是保持良好的感觉，让你的智慧去接管。你的目标永远不是解决他人的问题。对于别人的问题，你更多的是认识和强化其顿悟。当然，你仍然可以拥有自己新的想法，它们偶尔也会成为顿悟。首先，无论如何你要聆听别人。当你有兴趣打开自己心扉时，你的搭档就有可能获得顿悟。不要有意识地思考自己当下所做的事。当你与自己深层的智慧连接成功时，你就能轻松上路。你能知道自己何时该说话、何时该沉默（在大多数时间里，你都应该这样）。你很快就会发现，你做什么和不做什么同样重要。当你开口说话时，你既不需要彩排，也不需要纠结自己到底说了什么。你说话时应该让人感觉安静平和、发人深思、出自内心，话语犹如泉水流过你的身体。这种说话方式会拉近你与他人的距离。实际上，在任何环境中、任何场合下，只要使用这种方式说话，就会有更多的人被你的话语所打动。

我们的朋友艾德讲述了有关儿子在家庭露营时要他陪伴钓鱼的事。真正的情况是，艾德并不钓鱼。他的职责正如他所描述的那样，就在儿子垂钓时安静地坐在他的身边，因为这样能帮到儿子。艾德的儿子希望爸爸坐在那里，他说："你的出现能帮我钓到鱼。"

因为聆听者处于一种沉思、不动声色的状态，他比任何时候都能更加深入地聆听，并能领悟到所提出的问题精髓。不仅如此，因为他没有过分沉浸在理性思维中，因此无论在解决问题还是帮助搭档观察问题方面，他都能从容地获得深刻的顿悟。我们在问题上获取的深刻顿悟能够长久改变自己看待问题的方式，一旦有了视角，我们就能常常在几天甚至仅仅几小时之内获得问题的解决方案。

聆听的内容也一样，我们所获得的只是一些事实的详述，甚至是某些建立在过去经验之上的建议，然而绝不可能发生任何问题内在的真正顿悟。

无论你是说话者还是聆听者，只要运用顿悟聆听法，你的思维就会天马行空，任意驰骋，犹如一个不受电台操控、不管不顾任意播放的广播节目。作者兼教练理查德·卡尔森（Richard Carlson）和约瑟夫·贝利（Joseph Bailey）就是这样描述的：

它没有加以分析、处理或拒绝接收所有输入的数据。在自由流动模式里，你不受信仰系统制约，不用作出判断，不用考虑下一步要说什么。你只需不假思索地聆听，试图一字不落地记住别人的话语……让自己被别人说的精髓内容所打动——不是被话语本身所打动，而是被隐藏在话语背后的感觉所打动……不会因为谈话触发的其他想法或记忆而心神不宁。在你心里，没有议程，没有预期，也没有结局。

你可能会想到，过多地考虑言语背后的意思会妨碍自己的记忆力，但由于你的潜意识知道什么内容最重要，实际上你能记住言语的关键部分。你可能会认为自己会厌倦，但如果你能彻底地表达自己的思想而不是沉陷其中，就会发现搭档说的话非常有意思。如果你没有发现这个人的参与，那么你听到的只能是自己的思考结果。顿悟聆听的结果之一就是你更有可能分享他人所说的话。因为大脑不再被自己过去的那些想法和日程安排所占据，而变得更愿意吸收别人的言语精髓，这些内容并没有令你失望——你听到了前所未闻的、令你兴致盎然的谈话内容。

|跟不熟悉顿悟聆听的人一同聆听顿悟|

现在，让我们一起来到现实世界中与顿悟打交道吧，当然，我们也会用到之前练习中所学到的知识。你可以大胆运用这些方法，与在顿悟之道上有经验的人一同处理彼此都感兴趣的问题。

寻找顿悟时的顿悟之道

当与不熟悉顿悟之道的人共事时，你的目标就是寻找自己的顿悟，还要牢记以下几件事。这个方法与你在进行小组练习顿悟聆听时一样。你的目标应该是心无旁骛地聆听。要找到好的感觉，当然要聆听自己新的想法，不要担心你的搭档被你心无旁骛的状态所困扰。相反，要期待事情在朝着相反的方向发生。你的搭档一定会比在任何其他谈话里更加专心地聆听。话虽如此，你的搭档可能会因你频繁的停顿和反思（特别是你改变了以往的说话方式后）而感到迷惑。如果你们合作默契，你会意识到这些并适当地向他做出解释，告诉他你在做什么以及为什么这样做。在某种程度上，尤其是当你感觉到自己的聆听时，这些可能会妨碍他的体验。

如果你无法完全确定，那么这就是个很好的契机，你的搭档会开始给你建议。就像你现在可能已经意识到的——这种感觉不好，而与你在过去练习中经历过的谈话感受和特性相比，相信你也不会喜欢它。有些人从来就没有喜欢过这种获取建议的经历，即使他们已经意识到建议所具有的潜在价值。我们希望通过训练让你明白，为什么充满新的想法的谈话会如此不同。

做好准备。如何处理各种预存方案可能会是一个不小的挑战。其中一些方案可能确实不错，甚至对你来说仍然很新；但对别人来说或在很多人看来，这些想法却是陈旧的。如果你稍不留神，就会丧失你正在享受的良好感觉。不要让这种事情发生！你要知道，那就是你所拥有的感受。想让你的思维放松，你就需要保持镇定。

如果你的心境足够平和，我们就能保证你的搭档也会平静下来，不再提供建议。但我们知道，人们都愿意活在自己的世界中。你注意到他们，是因为他们思维敏捷、快言快语。你觉得自己也应该思维敏捷、快言快语，与他们保持同步。当这些人走出你的办公室时，他们并没有停下自己飞快的语速和飞速运转的思维，他们或许永远不会这样做，除非能因此受到关注。一次，马尔科姆像死人一样静坐了45分钟，静静聆听同事教他如何应对自己所处情形的建议：

我在聆听时无比开心，大约10分钟后，我好奇这个家伙到底能讲多久。我设想，如果自己处于良好的心境中，肯定能获得一两个顿悟，但事实上我从没有过这样的经历。最后，在他讲了45分钟后，我没说一个字，也没用一点以示鼓励的身体语言。我转移了话题，叫停了他。我确信，如果我不那么做，他还能说上很久。值得庆幸的是，我依然感觉良好。这是迄今为止，我保持顿悟心境的最好体验和最扎实的实践。

一般情况下，说话者和聆听者都很难掌控这个环节所需的时间。你要温和地打断谈话，把对方重新拉回分享新想法的状态中。你要尝试让他用平时没有试过的方法，提供一个他从未想过的解决方案，尝试用别的方法使他获得新的想法。尽管结果不太理想，但有些情形仍需要你去引导，并且温柔而坚定地掌控谈话。假设这个谈话对你有益，你必须这样去做，你有自己的所想和所需。在这种情形下，唯有新的想法能够帮助你。

当你试图帮助别人获得顿悟时的顿悟之道

如果你的目的是帮助搭档激发顿悟，而他又没有意识到你在运用顿悟思维，那么这种方式与之前讨论的两人一同寻找顿悟的练习并无多大差别。这种方式的诀窍就是将谈话定位，让你的搭档尽可能萌发更多新的想法，同时避免出现之前说过的话题。在谈话过程中，你会发现，当你的搭档陷入过去的记忆时，你适时予以干预并直接要求其寻找过去不曾有过的新想法，这种方法非常有用。如果你专注地聆听并彼此保持良好的关系，你会发现自己的存在非常有助于搭档获得顿悟。起初，他可能会本能地拒绝你的行事方式，但他很快就会开始萌生新的想法。如果你的搭档遇到困难，你可以向他提供自己新的想法。这会让他知道究竟什么是新的想法，也是一个伴随顿悟心境产生感觉的示例。你的搭档会感到，这个想法本身就对他有所启示，或者说有助于他触发新的想法，或者帮他打破心理僵局。正如我们在本书中做过的所有练习，其关键之处就在于保持两人的和谐一致。

| 自我顿悟聆听 |

迄今为止，我们已经集中阐述了与他人聆听顿悟相关的各种方式。我们一开始就认识到，在没有搭档的情况下，继续“获取顿悟”的练习难度更大。也就是说，在你自己独处时，也有很多事能帮你获得顿悟。

正如我们所强调的，你要寻找那种与自己的顿悟心理状态相关的感觉。有时，跑步和淋浴都是很好的平台。你应该停留在这种慵懒、好奇的状态中，敏锐地等待顿悟的到来。这种挑战就是关注这种感觉的去留。你没必要做太多的计划，而只需多加练习，就能很容易保持这种状态，并使其形成常态。记住，你是在进行“获取顿悟”的练习，可以经常使用直觉指导自己的下一步行动。

当你写作时，你可以用分析的形式——重新安排观点和文字、编辑句子以及设计论点——也可以运用自由联想、日记的方式或意识流。当你祈祷或冥想时，你要么可以遵循严格的仪式——背诵圣经，或为某种特定目的而进行祈祷——或与自己的内心进行一场深入的对话。在进行激烈的体育活动或悠闲地在沙滩漫步时，你要么精神亢奋，要么悠然自得；当然，你也可以自言自语，对自己进行鼓励或反思。顿悟可能会在这些模式的任何一种情形下发生，随后便会更加轻而易举地出现。

但需要特别注意的是，你要把控注意力，不能有任何刻意的思维。这就好像，如果你只是探头欣赏窗外美丽的街景，那么你绝对不可能数清街旁的树木或比较街区的夜色，你能做的只是欣赏风景而已。如果你走在路上，就会注意到地上的障碍物，但这些障碍物只隐藏在你思维的背后，除非它们变得危险或突然妨碍了你的前行。当你淋浴时，你会进行一系列的动作，但大部分动作都不会影响到你的思维。你处于非常清醒和敏锐的状态，脑子里正在进行一些低端的思考而不是在处理困难的事，你不用为它们费任何脑子。相反，你的思维处于一种清晰、平和和富有想象力的状态，你正在全神贯注地等待新的灵感的闪现。

在所有这些场景中，你都为了获取顿悟而进行聆听。这个方法并不是让你主动去获取顿悟，而是温柔地邀请它们的到来。这种方法通过获取你的关注来帮助你驾驭好主题，但不要尝试用它来做任何事。如果你萌生了一个与这个主题相关的想法，就让它随风飘散吧。不要围绕它刻意思考，而应该将它转化为另一个想法，我们将其称之为对**思想的训练**。如果你将这个想法排入自己的日程，也许能让这样的情形发生，但不要另辟蹊径促使其发生。如果你突然出现了另一个想法，也请让它随风飘散。把你所有的思维工具都放回它们的抽屉里，我们暂时用不上它们。这个主题就在那里，仅此而已。在你最小限度地操作时，即使你没有获得任何顿悟，这个体验也会非常轻松。

对于我们大多数人而言，我们思维的齿轮被打磨得非常光滑，以至于在其运转时不会发出任何噪音。我们看似在沉思默想，而实际上思维的马达却在加速运转——只不过悄无声息而已。在没有出现任何顿悟感时，我们都会用貌似在沉思的静谧分析思维作伪装，实际上却完全不是这样。这就是为什么对于我们许多人而言（即使不是大多数人），学习自我聆听顿悟极具挑战。聆听顿悟需要非常勤奋，但如果你和搭档一同练习便会容易得多，因为这样可以减少许多思维内在机制中的干扰。与搭档的练习配合得越默契，你的能力和对顿悟的敏感程度就越高，能让你更快地融入到自我聆听的能力中去。

有些人在林间漫步或独自在户外活动时有可能获得顿悟，而另外一些人则在各种活动中与别人交谈时更容易产生顿悟。我们没有理由相信这两个例子中哪个更好，但你需要考虑的一个问题是：在那个时刻，到底发生了什么？在精神上，你是处于束缚的心理状态，还是处于开放、平和的心理状态？

请记住，没有任何规则是一成不变的。有时，你可能觉得有必要将观点刻意建立在刚才的想法上，而这可能正是你此刻所需要的。事实上，你确实会在卸下自己的思想包袱时，谨慎地而不是习惯性地运用自己的意志力，你能感受到这种方式的不同。

每个人都有自己独有的内心独白：一些人会因此得到顿悟，而另一些人却得不到。下面是有关我们客户的一个例子：

当我积极地思考一个话题时，它就好像在我的脑子里进行着自我对话。有时，这些对话仿佛是在谈心，谈心的双方都是我自己，而第三个我则坐在一旁，听其他两个我在相互交流。这就像我们之前在两人顿悟聆听练习里提及的谈话中出现的友好问答环节。问者提些问题，观察另一个我是如何思考这个话题的，也经常在思考或数据中发现矛盾之处。这更像是第二个我帮助第一个我更好地进行思考，而第三个我则全程观察。

当谈话变成更像是我和另外一个人之间的对话时，我注意到了第二个模式。有信念的人会认识到这种能力，尽管这更像是与一个朋友之间的问题和探索，而不是从高层信息源接收到的真相或智慧。我在写作时用的就是这种模式。我问对方：“你对此怎么看？”“你还有什么重要的事想说？”新的想法蜂拥而至，当然所有这些不都是即时顿悟。在这两种模式中，这些问题要么直接将我的思维推至未知、未明的领域，要么间接地提出一些我自认为了解、但实际并非如此的新的事物。

当然，不同人群谈论的话题各不相同。其中，最为常见的就是“每个人头脑中的微弱声音”。但人们却常常无法辨识头脑中同时活跃的多种声音。马尔科姆谈到了一个“顽固”的声音，它具有理性的内涵和仿佛来自天籁的“顿悟之声”。对他而言，两个声音并不在一起。他与自己之间的正常谈话被来自未知的“顿悟我”所替代。顺着这个思路，很多人都描述了他们在自我之间的精神对话。还有一种我们听过的描述，说的是想法在一种无法用语言描述的黑暗中形成。在黑暗里，影像开始慢慢形成，一开始，你只能看到模模糊糊的影子。当你继续寻找后，一会儿，它就渐渐变得清晰可辨，直到你能描述出自己所看到的形状。在这种情况下，由一团模模糊糊的影子突然聚焦成像只需一段相对短暂的时间。最终，你发现自己所做的就是试图用语言来形容自己所看到的。

你可以用完全不同的方式来描述大脑里的这些对话，也可以根本不用这样描述。我们认为，过多考虑这些东西毫无价值可言，除非你所喜欢的方式对你有益。而且，不要过度对此进行计划和管理，这样可以帮你为每个模式划出大段连续的时间，使你专注于聆听每一个声音。

****

顿悟聆听说的无非就是有关现实与反思。这是一种非常自然甚至可以说是最自然的聆听方式，但要让我们很多人放空自己脑子里的闲聊，转而去寻求新的想法，这可能很难做到。我们必须恢复自己与生俱来的摆脱分心的能力，让那些累赘冗长的话语随风而逝，转而专注于我们交流的感觉，而忽略是与别人交流还是只与我们自身交流这个问题。

当我们用这种方式聆听新的想法时，顿悟终会到来。

我们在本章中进行的所有有关策略和方法的讨论，只有静下心时的讨论才有意义，而这只需你稍稍观察自己的聆听和思考，少用一些技术手段。随着时间的流逝，这种聆听的方式会自然而然地随着顿悟的出现而时时刻刻发生——我们要做的，只是关注它们而已。

THE ART OF
INSIGHT
How to Have More Aha! Moments

04 思维决定着你获得顿悟的心态

新手们了解了这些模式和方法后，一般会习惯性地将其与自身经历联系在一起，就好像这是他们曾经用过的方法。那么，你如何才能改变现状，进入顿悟状态，从而获得更多的顿悟呢?

这种情况其实很有趣，值得探讨。试图进入顿悟状态看似很愚蠢，因为顿悟是一种自然、默认的状态。在这种状态下，大脑并没有过度运作，而是相对放松的，安于现状是其最自然的状态，这就好比临睡前、睡醒前的感觉。想让大脑走出自然的状态，需要你有意识或无意识的行动。然而，通过努力而达到顿悟状态并不会产生积极的效果。

> 顿悟状态其实就是默认状态。

20 世纪 80 年代，著名医生贝里·布拉泽顿（Berry Brazelton）就将新生儿的状态进行了细分，包括静态睡眠、活跃睡眠、昏昏欲睡、静态警觉、活跃警觉和嚎啕大哭 6 种。在静态警觉状态下，婴儿双眼睁开，眼珠明亮且有光泽。他们的身体保持静态，而将力量主要集中在看和听上。正常新生儿在出生后的一个小时里，约有 2/3 的时间里都处于静态警觉状态，其余 30% 的时间里则处于号啕大哭状态，剩下的时间里则处于其他状态。专家认为，婴儿出生后的 30 分钟到 60 分钟，这一时间段不仅是新生儿认知度最高的时刻，也是婴儿学习能力最强的时刻。

婴儿不会有意进入某种深层次的状态，他们大多随遇而安。到我们开始接受教育、开始主动思考时，就更容易偏离这种自然的顿悟状态。这点很重要，你之所以不在顿悟状态，是因为大脑执行了命令（你可能意识不到），迫使你偏离了顿悟状态。

还记得本书第 2 章“游泳池中的篮球”那个比喻吗？正如比喻所说，我们不需要用力把篮球推到水面。同样，我们也不需要奋力求索，强迫自己进入顿悟状态，我们的大脑其实可以毫不费力地回到自然状态中。

我们不能完全停止思考，所以只能轻松应对与接受。放松思维，才不会让自助餐厅里的托盘堆积如山。蒙住双眼，让思考成为潜意识的行为，当头脑有了一定空间时，顿悟自会到来。

|思维决定着你的心理状态|

一对夫妇向我们分享了他们前往加州拜访朋友的故事，朋友家中有孩子。在他们第一天早晨到达时，情况有些混乱。他们说：

朋友决定晚上外出就餐，与我们商定时间。我们认为，既然是东海岸时间，而且晚餐难以消化，那么定在6点最合适，他们说没问题。而朋友的孩子们一直在打闹，直到上午11点左右才停止，我们便去一起参观了当地的博物馆。下午3点钟，我们终于有时间坐下来吃午餐了。我记得当时自己在想："天哪，如果现在吃午餐，6点的晚餐怎么能吃得下去呢。"所以，我决定只吃点小零食充饥，等着吃晚餐。然而我们的朋友胃口很好，在他们用餐的过程中，我一直在想，还有短短几个小时就吃晚餐了，他们一会儿怎么吃得下呢。我试图不再纠结于此，开始慢慢放松心情。毫无疑问，此时我的精神状态已经很不好，但我还是尝试着顺其自然。

当我们回到朋友家时，已经6点半了，似乎没人准备出去吃东西。又过了一个小时，我们出发去吃晚餐，但要先将孩子们送到保姆家。此时，我对度过一个轻松的夜晚的期待已经彻底破灭了，心情跌落到谷底。于是，我开启了自己所有的防御机制，做好了应对一切的准备。我意识到自己状态不佳，并尝试着调整这种状态（很明显没有成功）。在接下来的时间里，我唯一能做的就是找对方法，调整状态。到目前为止，我已经无力回天了，因为我的思想已经枯竭。

第二天早上睡醒后，我又迎来美好的、阳光灿烂的日子，并且继续快乐地生活着，完全不在乎前一天晚上发生了什么。

当你发现或仅仅只是怀疑自己的状态不好时，首先要记住，你并不能加以调整，这样往往只会让情况变得更糟。那么，你应该怎么做呢？当你情绪激动时，心中总有一股冲动，但此时你的思维质量并不高，无论做什么事都不太可能成功，而且，这样只会让事情变得更糟。在这种情况下，最好的办法是像德怀特·艾森豪威尔（Dwight Eisenhower）发出的指令一样“什么都不要做，原地不动”，至少在心理上要做到“原地不动”，接受自己暂时迷失了方向，不要落入不良状态的陷阱。在做任何事情或重大决策之前，先让自己的大脑平静下来。最好避免采取行动，但在某些必要情况下，跟着感觉走，再从中吸取经验教训。

人们大大低估了睡眠的作用，它就好比大脑的重置按钮，有时你唯一的选择就是睡个好觉。在你醒来之后，世界看起来便会美好得多。当我们状态不佳时，自己可能总觉得受到围困而难以挣脱，但我们的头脑最终会为我们清除那些不属于自己完成的工作。

有时，我的朋友不知该如何从糟糕的状态中脱身。后来，他认识到低落的情绪会影响自己与世界以及朋友之间的关系：

在旅行结束后的一个早上，我正在散步，散步总能让我获得很多顿悟。英格兰这天凉风习习，我突然想到，朋友问我何时吃饭并不是真的在约时间，而只是一种为了表示关心的礼貌。

那晚我所经历的一切，其实建立在并不存在的事实上，我单纯认为他们辜负了自己的期望。那天下午，我的确心绪不宁，一开始，我奇怪朋友为什么如此不贴心，后来又惊讶他们竟能活得如此随意。事实上，他们以礼待人。在他们眼中一切如常，因为他们总是 7 点半或 8 点才去吃晚饭。商定就餐时间只是一种社交礼仪，而非严苛的规定。

当情绪不佳时，我们的视角便会变得狭窄。大多数情绪不佳都是我们自己造成的，尽管有时也有外部原因，但那些都只是导火索而已。在这些情况下，我们的家庭、朋友及其行为都与我们的感受毫无关系，所有认知都是我们凭空想象的。这是常有的事，只是每个人的程度不同而已。我们会根据自己目前的状况创造一些故事，这些故事都基于我们的精神状态而产生截然不同的结局。其实，故事最终如何结束，完全取决于我们自己。

你不可能随时都保持良好的心态，这些想法并不能帮你逃离糟糕的一天或不良的状态，但它们确实能帮你恢复良好的心态。我们希望，当你的状态开始下滑时，你不会患上重感冒，只是流流鼻涕而已。

| 思维的重要性 |

大学毕业后不久，查理就与一个误入歧途的女人恋爱了。下面是他叙述自己在创新机构的工作初衷以及追求高品质思维的工作历程。

一天晚上，我和未婚妻一起去朋友家喝酒聊天。刚到朋友家，她便对我大放厥词，言语中伤。一般在这种情况下，我能够自控，于是冷静地要求她停止中伤，可她仍然不管不顾。我那时已经怒火攻心，整个晚上都不发一言。在回家的路上，我们从争吵升级到互相指责，她甚至否认自己说过的话。那时我想，她已不仅仅是不理智，而且还相当不诚实。我出奇地愤怒，这件事明明就是她的错，我可以证明这一点。

回到家后，我站在工作室的门口，我的未婚妻坐在书桌前开始哭泣。这看上去多么不公平，她坏话说尽后，居然没有为自己的所作所为感到难过，而是感到委屈！

我感觉世界已消失无踪，就仿佛自己独自一人站在旷野里。我知道，让我感到愤怒的并不是我的未婚妻。我知道，她并不需要对此负责，声音从她的嘴里发出并传到我的耳朵里，但这并不影响我的感觉，这全部都是我自己的想法！我的想法才是令我感到愤怒的全部原因。

我相信自然界存在的科学、结构和平衡，但在那一刻，我的经历告诉自己，世界只是自己思维的一种活动。这不是个人见解，而是个人顿悟，而且比我之前获得的顿悟都要深刻得多。

在这次顿悟之后，我对于思维的力量有了新的理解。我意识到，思维发挥了至关重要的作用，也由此看出提高自己和客户思维的重要性。这标志着我终身追求高质量思维事业的开始。

多年来，我们逐渐认识到，比起思维对心理的影响，关注思维的状态显得并不那么重要。一旦出现这种情况，你的意识和潜意识里就会逐渐明白思维是如何影响你的世界的。你的大脑会更容易安静下来，而顿悟则会出现得更加频繁。当你的思维身陷囹圄时，其恢复时间也会变得更短。在到达某个阶段后，思维的复原能力就会增强。

在不安、迷失方向时，我们对现实的看法会变得模糊不清。当你摇晃一个雪球时，掉落的雪花随即满天飞舞，但它们最终还是会落下，这与情绪是一个道理。毫无疑问，你思维的雪球会不时受到冲击，当你更快地意识到是思维决定心理时，思维的雪花也会更快地落下。

| 通过练习与技巧获得与顿悟相关的平和心态 |

你有或想有一种能够修整大脑的技术，但你陷入不良情绪时，这种技巧并不可靠。在某种特定情况下，你所使用的技巧与平时练习时所使用的方法有很大区别。

乔希喜欢游泳，如果一天早上，他游泳时触碰到泳池，那么会与他没有触碰到泳池完全不同。他游完泳，会感觉自己身体舒畅，状态上佳，这种感觉通常能持续 4 小时或更长时间。会议能够顺利进行，商务对话进行得很有成效，这些都与参与者有很大关系。也许你也有乔希那样的兴趣，例如跑步、做瑜伽、骑自行车或冥想，那么你肯定能理解上面所描述的那种感觉。

通常情况下，在泳池里进行 30 分钟有节奏的运动会让乔希心情平和。但当他心情糟糕又想用游泳进行调整时，又会发生什么呢？那么，让我们先来聊聊黛安的例子。

黛安是一本商业杂志的资深编辑，她一般都有自己的一套写作方法。有一次，截稿日期迫在眉睫，她却全无思路。于是，她收起笔记本电脑，离开了办公室，回到家泡澡，因为她经常在浴缸里获得顿悟。

从浴缸出来后，她坐在电脑前，却还是没有任何思路。她坐了一会儿，又想了一会儿，还是不知该如何下笔。黛安回到浴缸，她重新泡了一个澡，擦干后坐下来，还是毫无头绪，于是，她又返回了浴缸。而她再次坐到书桌前时，情况仍然一样，她便重新返回了浴缸。

可怜的皮肤！在第 6 次洗浴时，她终于有了想法。

技巧是用来帮助改善处境的，在这种情况下，你的处境就是自己的精神状态。训练是指你喜欢的这件事本身，在我们的例子里，它使你的心灵受益。训练并不一定能改变某种特定的情况，相反，训练的功能是随时提醒你可以做什么。你知道自己有可能达到顿悟的状态，因为你在练习时或练习后感受过它。你知道它有可能达成，而因此造成的损失只是暂时的。你知道自己需要寻找什么，才能找到来时的路。

这是我的一位朋友描述的祈祷在他生活中起到的作用：

其实，我每天做的祷告就像给上帝列清单，清单上是我希望他为我完成的事，这样说确实有点不好意思。但当我感受到上帝说“你的意愿将会被完成”时，我会觉得自己跟以前完全不一样了，我与他同在。当然，那种感觉无法用语言表达出来，但我仍然在接下来的时间里感到自己很幸运。

如果有一种练习能带给你与顿悟相关的平和心态，那么请竭尽全力地维持它。如果没有这种方法，那么就开始练习吧。把这种状态当作你平时的状态，而不是通过调整才有或偶尔才有的状态。

很多人都能把工作的状态和度假的状态区分开，他们只是偶尔才有度假的状态。他们的度假时间不多，所以并不常有度假的状态。我们不常有度假的状态，而常有的是工作的状态。对于很多人来说，工作的状态最常见，而它却不是最自然的。

| 思想所扮演的角色 |

你的心理状态是由思维所决定的。尽管它看起来的确如此，但你的心理状态（顿悟或其他）和心情并不受周围环境的影响。例如，在一个漆黑的夜晚，两个人在暗巷中行走。其中一人觉得每一处有阴影的地方都潜伏着危险，他不停地出汗，心跳也在加快，肾上腺素值接近爆表。而另一个人根本就没有感觉到危险的存在，他从心理上到生理上都十分放松。尽管他们身处完全相同的环境，但其心理状态却截然不同。

如何去思考往往比思考的内容更重要。即使有“好的思维”，但你一旦紧迫起来就会破坏心情。如何思考决定了你的心理状态。例如，有压力的思考会让你达不到顿悟的状态。

当你发现自己感觉很好、状态不错时，就要好好留意。它能提醒你何为自然，又是什么支持你达到这种自然的状态。此外，找一些让你心存感激的东西也非常有益。当你感激某事时，你的状态会不好吗？这绝不可能。感恩之情简直就像情绪调节器一样。有一位非常成功的公司总裁，每当他注意到自己心情低落时，他就走出办公室，去大厅找一些自己真心感谢的人。他说，很容易就能找到这样的人。接着，他们双方的情绪都会变好，尤其是他自己的情绪。

你不需要做任何事来改变状态。

在马尔科姆的工作坊里，一个刚刚被介绍进来的人分享了自己多年来的经验。他有跑步的习惯，而且发现每次跑完步之后，自己的思维质量就会立即得到改变，经常能得到一些关于商业的大的顿悟。于是，他开始携带笔记本和微型笔去跑步。但在分享前，他不知道如何去描述这个现象，也不知道是否因为自己的状态才促使了顿悟的产生。

在某些情况下，更专注地去思考问题可能会起作用。但总体来说，这是一个不太可行的方法。有时，使用技术会对你有所帮助，但也仅仅如此而已。切记你最终的需求并不是使用技术。你不必做任何事来改变自己的状态。伴随着情绪的变化可以有所行动，但它们并不是由行动引起的。

失去意识是思维的一种常见的自然状态，你可以把它看作一种慢性肌肉压力。首先，你绷紧肌肉，然后维持张力，接着就形成了这种肌肉紧绷的习惯。你的大脑只是通过感觉来了解肌肉的状态，如果肌肉没有发生变化，大脑慢慢也就没有感觉了。大脑记住了肌肉的紧绷状态，也就不再追踪记录了。在那之后，一切都没有改变，只有肌肉压力“被遗忘”了。某些物理治疗和训练使用的都是放松紧绷肌肉的方法，从而使病人恢复知觉。随着重新获取感觉和意识，你又建立起了大脑与身体间的联系。

你在寻找的只是意识和理解：由你每时每刻的心理体验所产生的意识以及由你越来越深入的思维所形成的理解，仅此而已。**你需要的仅仅是在自然状态下形成的顿悟，以及了解你的思维如何创造自己的世界。**

最终你会发现，在任何情况下，你离顿悟都只差一点，离心理上的自由也只差一点，这并不意味你可以马上走出这一步。事实上，你也许不能做到这点。你通过顿悟了解到了原因（这很重要），任何心理状态都不是永恒的，而且也不能对你的情况产生直接影响。任何人都这样说，但你必须有自己真正的理解。真相就是顿悟通过思维带给你的现实。当你看到它们之间的关系，你就能永远脱离这种长久的不安全感以及产生低质量思维的心理状态。

不良的状态就好像风暴，雨虽然下得很大，但你知道，风暴终究会过去。你无力加快它的离开速度，但你知道一个强大的真理：它最终会过去，这一事实帮助你平和地面对风暴。这种思维状态的恢复，就像漂浮在水面上的篮球和雪球上落下的雪花一样自然。你的烦恼、担忧或强迫自己均于事无补，而只需停止思考、顺其自然。

对于一些人来说，这种顿悟瞬时而至；而对于其他人来说，这种顿悟会随着时间的推移而到来——有时是微小的顿悟，有时是伟大的真谛。此时，你的理解力会得到改变及深化。你现在的想法与5年前的大不一样，它很可能在5年后还会发生实质性的变化。不可否认却又带点讽刺意味的是，5年后，我们对顿悟的理解可能也会完全不同。

****

无论是微小的顿悟还是伟大的真谛，你对所知世界的认识都会随着时间的流逝而加深。随着你见识的增长，获得顿悟的能力也会得到增强。你的情绪问题会减少，恢复高质量思维的能力会增强。简而言之，你将成为更具洞察力、更富想象力、卓有成效的思考者。

请记住：

- 只有你的思维才会干扰顿悟的心态，外部环境永远都不可能影响顿悟；
- 有时，集中思考某个问题可能会让你更好地工作，但超负荷思考并不是个好办法；
- 真正理解思维与现实的关系能帮你更好地转变心态，也会大大增强你获得顿悟的频率。

THE ART OF INSIGHT

How to Have More Aha! Moments

05

获得顿悟的操作方法

在《思维艺术》（*The Art of Thought*）一书中，格拉汉姆·沃拉斯（Graham Wallas）向我们介绍了第一个创新模型，它包括以下四个阶段。

酝酿：全神贯注地思考问题，并展开全方位的探究。

潜伏：在无意识中将问题内化于心，而丝毫没有表露于形。

阐明/顿悟：使潜意识里出现的创新想法进化为有意识的思维。

核查：在想法得以检验后，对其充实完善，并付诸实践。

在上述的任何一个阶段，我们都可以找到新的思维和原有的想法。无论是新的思维还是旧的想法，无论是学习新的知识还是搜索原有的记忆库，无论是依靠直觉还是进行分析，所有这些都以各种组合的形式被运用。我们将其存入信息库中，放在内心的书架上。

当新的信息悄然而至时，我们的大脑就会自动进行搜索，并将刚刚采集到的信息与已有的信息进行比对。如果它们相似的话，就贴上“相似”的标签。若寻得匹配之物，已有的信息就会随之跃入脑海与新的信息合二为一，从而诞生出一个新的想法。我们甚至连非常精确的解析计算也需要加以判断。有时，直觉可以唤出适合的规则、公式或逻辑，让我们能够从容应对身边的问题。在第 1 章中，我们赞同莱纳斯·鲍林的观点，他认为，我们的直觉需要从记忆中得到素材。

通常，我们所熟悉的信息片段和模式不经意间就跃入了脑海。这样，一种新模式通过新的方式从不同信息的结合体中孕育出来。这时，我们所体验到的就是由顿悟带来的灵光一瞬。

既然科学家们对这些现象的认知已经取得了重大进展，那么本章就不再赘述神经系统的功能作用，而是着重探讨如何生成更多的顿悟。这里，我们可以采用沃拉斯模型（Wallas’s model）。我们似乎应该按照顺序进行这些步骤，但之后我们便会明白，在实际操作中，这些步骤常常交织在一起。

| 构想问题 |

当你专注于这个问题时，你实际上已经是在以某种方式构想这个问题了。这个构想并不难，因为问题会在你的头脑里自动生成。而若要重新设计问题，那么未免带有几分挑战的意味。思维定式是顽固的，特别是在你重新启用它时，它会变得更加顽固不化。如果你要以新的方式思考，那么最好跳出原有的思维框架，这样，你就可以从与你有相似顿悟经历却又不太了解你具体情况的人那里受益。

试想一下，某个问题已经困扰你很久，而且你也深信自己有足够的相关知识来解决这个问题（这通常只是一个非常美好的假设，我们之后再回来说）。你可以想象，你与自己的搭档正在运用以下步骤解决问题，但不必局限于此。

准备阶段

同第 3 章的聆听训练一样，我们需要你和自己的搭档先回答以下问题。

- 什么是顿悟？
- 你获得顿悟的心理状态是怎样的？

再问一遍，这能为你的思维指引出正确的方向：一种未知的、却能让你回想起最具顿悟的心理状态。

欲望

我们暂且放下这个问题，先描述一下你最想要的是什么。你对这种事物的渴望到了什么样的程度？如果你得到了想要的东西，那么这个世界又将变成什么样？

这些问题开始激发你的观点，试问自己，在这些问题都不存在的情况下，还会剩下什么？

现状

对已有的记忆进行思考，总结我们的实际情况：对这些问题，你知道些什么、不知道些什么？

继续训练找出新想法的方法（第 3 章）。哪些是新想法？你有哪些已知和未知的问题？

缺失了什么

在寻求新想法的过程中，让你的搭档指导并告知你到底在现在的认识中缺失了什么。

人们经常在回忆中才能意识到，一个微小的、缺失的要素也具有改变人们自己解决问题的能力。有趣的是，这个缺失的要素其实一直都在我们身边，只是被我们忽略了而已。所以，在发现个人现状的不足之处时，我们要注意是否遗漏了什么。在这个过程中，切记不要操之过急，要保持顿悟的心境。

人们经常在回忆中才能意识到，一个微小的、缺失的要素也具有改变人们自己解决问题的能力。

在谈话中产生如此重要的顿悟，我们并不惊讶；在此过程中，我们也经常能找到解决问题的方案。若非如此，你肯定已经为下一步做好准备了。

重新定义

我们在一起寻找新想法的同时，还要思考以下问题：我们还能以什么新角度来看待这个问题？尽你所能，用更多新颖独特的方式来描述这个问题。当然，这都是一些经典的、创造性的解决问题的方法。而我们的区别在于如何运用它们。我们正在谨慎地寻找新的想法和顿悟的心境。

你也可以用欣赏的角度来看待这一问题：它有何优势？把糟糕的情形转化为一种优势：如果这个问题无法解决，那么你将如何让它往好的方面发展？

对每个问题来说，你可以将其搁置 5~15 分钟而不去理会。如果有必要，你可以搁置更长时间。每个问题都会通过不同的视角来看待世界，而且可能彻底颠覆你现在的想法。这些问题将引导我们进行更高端的思维，带领我们进入一个全新的、开放的心境。最终，在你全新视角的帮助下，顿悟将会浮现。

反思和酝酿

切勿因问题得不到解决而举足不前。你需要把问题搁置一会儿，也许做点别的事会对解决问题有所帮助。有时，如果我们的谈话、会议陷入泛泛而谈，或陷入过于勉强的境地，那还不如先停下来。对一些人来说，摆脱羁绊有益无害；而对另外一些人来说，摆脱羁绊却至关重要。无论你有没有时间，都可以先睡上一觉、散散心或转换一下手头的工作。这些都能帮你保持清醒，让头脑畅通。不要过于专注于问题本身，而要弄清问题的真正目的所在。你到底应该怎么做才能达到目标？凭现在的能力，你应该即刻采取什么行动？

你常常能遇上这样的事。比如，人们抱怨自己长期以来一直忙于错误的问题，而最后一旦弄清了自己真正所面临的问题，立刻就能出现解决问题的方法。而关于谈话的准备，关键在于重新审视问题本身。

顿悟

想要获得顿悟绝不是一蹴而就的。无论是在准备或反思 / 酝酿阶段，你都有可能收获不少顿悟。如果还没找到解决问题的方法，那么你可以回到这两个步骤，用直觉来确定自己的选择。

一旦你能放下所有的初始工作，给自己足够的空间反思，就意味着积极寻求顿悟的时机已然到来。首先，告知我们你可能已经获得的顿悟，或自开始采取措施到现在发生的任何事。然后，如第 3 章所述，继续“获取新的想法”。你要确保不要在这个步骤中使用分析思维，而要耐心等待新的想法出现并到来后才说。

核实

在获得问题的解决方案后，一定要仔细分析验证。在萌发各种新的想法后，再回过头来分析，这样才能得到更多的分析素材以及认知事物的新角度。

提醒：看什么和听什么

当然，从即刻起，你要记得密切观察每次谈话的感觉，只有与直觉一致的心灵顿悟状态才是真实的感觉。记得寻找新的思想和顿悟，避免使用旧的想法。你还要时不时停下来反思，或许还要向无意识的心灵深处寻求新的想法，然后静观其变，看看哪些思绪会进入你的大脑。

以下是一些其他的话题，这些也可作为我们的关注点。我们不仅要关注别人，还要注意自己的个人实践。

思想上的矛盾、错误、过失和误差

你会发现，自己和同事在对待某个特定问题上的思维不一致。例如，有时，我们会发现自己的逻辑和推理有不足或遗漏。有时，我们还会发现，自己对事物的解读或分析存在矛盾。甚至在你用语言解释某事前，你会发现一种有趣的感受。请务必继续探索这种感受。

这些思维的不一致和缺失十分有益，因为它们为我们开展新的学习和出现新思维提供了可能。当被别人发现和指出这些时，我们不可避免地会自然而然地回避，并且感到窘迫或尴尬。当然，后悔或失望都无济于事。我们应熟练地处理这种情况，并带有怜悯之心打开顿悟之门。这种特殊技能可以被我们掌握，但它也的确需要实践。当我们的思考不够全面时，无论是我们自己发现还是被他人指出，我们都难免会有自卫的想法和行为。如果这些瞬间一开始看似违背常理，那么你应该为之庆幸。你应尽快摆脱这些尴尬和自卫的感觉。幸运的是，当你发现自己的思维中存在紊乱或缺陷时，你越会习惯性地寻找心境中的良好感觉，就会越快复原。之后，当你发现别人的缺陷时，你越会习惯性地寻找良好的心境，在别人那里就会少遇到些尴尬。你会发现，随着自我化解能力的增强，你就能应付自如。

一些你不知道的事

放下你所想所知的事，去了解你所不知道的事。无解的问题使你的思维指向未知。在那里，通过解释，你会找到顿悟。观察你所不知道的事，并不时地辨识这些问题，同时另辟蹊径去探索它们。

你会喜欢的新问题或话题

当你聆听时，不时会发现一些新的问题。你一定要把它们记录下来，琢磨这件事并问自己："还有什么问题没有问到或需要问的？"问自己一个特定的事实：这是真的吗？如果是，你如何确认？在这个特定的时刻，如果要激发顿悟，什么话题是有用的？

假设

有时，你也要琢磨和质疑自己对该问题的基本假定，反思自己认为正确的事物。如果这个事物是正确的，你如何确认，会不会有其他可能？

以上所说的并不是我们要看和要听的全部清单，但这些都来自一个好的出发点。你要确定，自己一直以来保持着一颗充满惊喜和好奇的心。当然，这些问题及其进程人所共知。这些就是有益于激发人们顿悟的心境。

| 与他人一同工作事半功倍 |

与许多人一起寻求顿悟会比个人行动更有效。在我们变得对某个问题熟视无睹时，从多个角度出现的新思维能使我们走出死胡同。

练习

三人一组

概述

客户最喜欢的练习方法之一：由两人帮助客户琢磨一个问题或感兴趣的话题。这项练习与第 3 章的练习方法不太一样，它需要客户在这项练习上花费两倍的心力，并且获取一种完全不同的整体动态。有关这个练习的详细图解，请咨询我们的网站——顿悟之道在线学习。

准备阶段

找两位助手，他们愿意帮你在某个特定问题上寻找顿悟。而且，这两位参与者最好事前对顿悟一无所知，没有受过顿悟的训练。如果两人对你放到桌面讨论的话题毫无了解，那就更好了。

首先，请描述一下顿悟是如何产生的，心灵的顿悟状态是什么样的。三个人都要回答这个问题，你们要说些区别于他人的想法，并保持心态平和。请勿说一些自己过去无数次想过的顿悟瞬间，而

练习

应该把自己心里所有新的想法都说出来。

扮演两个角色（一人扮演说话者，两人扮演聆听者）。其中，聆听者需要控制时间，或用手表、手机计时。

第一部分

说话者有 60 秒的陈述时间，聆听者需要静静聆听。他们必须保持彻底的安静，不允许受到任何干扰。第一部分的练习状态是聆听者面对说话者就座（见图 5–1）。

第二部分

一分钟时间到或说话人完成本次讲话（无论哪个在前）后，聆听者应旋转自己的椅子改为面对面就座（最好不与说话者并排，见图 5–2）。

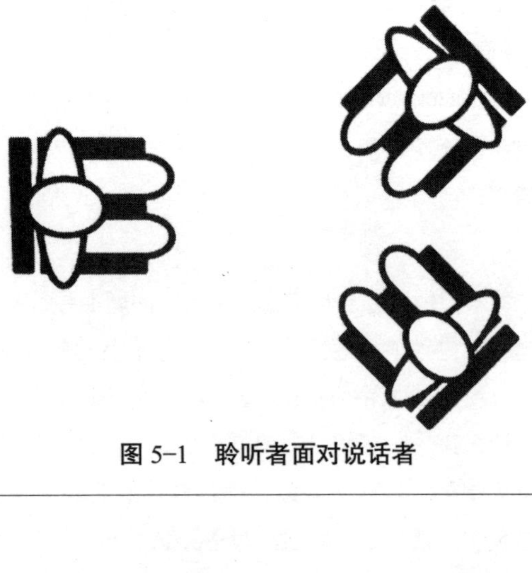

图 5–1　聆听者面对说话者

练习

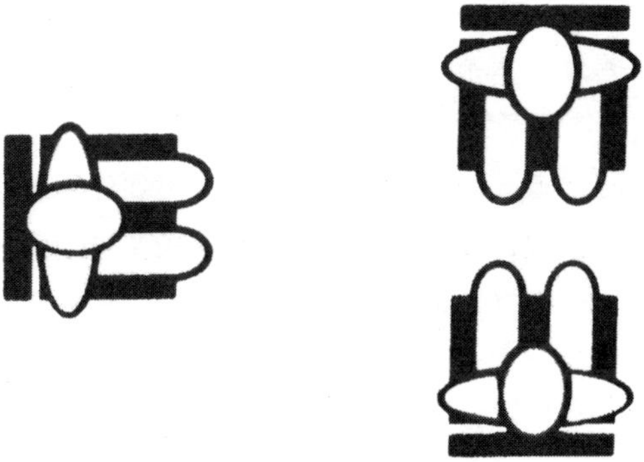

图 5-2　聆听者互相面对面

在这一环节中，聆听者应该寻找良好的感觉，而不是不经大脑就大声疾呼自己的想法。事实上，我们想要分享新的想法。这一环节以沉默开场，最后以其中一人的灵光闪现来收场。

现在，我们来回顾刚刚描述的话题。与第 3 章里所做的两人练习一样，这个练习想让聆听者用 5 分钟时间分享有关本话题的新观点。每次，聆听者都有新的想法想与另一个聆听者分享，同时还被说话者“偷听”到。

切记，我们的目的并不是让大家解决问题或提出建议，这些都会让人陷入原有的思维而停滞不前。我们的目的是围绕话题产生新的思维，来促使说话人获得顿悟。然而，如果必须说出一个原有的想法并让它偏离方向，那么你应该在说出时就对它进行识别，然后返回到新的思想中去。

练习

说话者在此阶段的练习中，应自始至终坐在一旁。他会情不自禁地去分析、纠正或辩驳他人的发言。相反，说话者应该保持冷静，寻找新的想法和顿悟。他或许可以在笔记本上记下自己的所思所想，尤其是记下那些看似特殊的新观点。

说话者对聆听者说话时，语言要谨慎，不要评判聆听者不了解和缺乏体验的领域。当然，那些一生从事相关专业的行家也经常从外行的评论里获得重大的顿悟，并将其运用到自己从事的领域中。

第三部分

聆听者在5分钟内设定了话题并分享了自己的新想法后，说话者可以根据自己的体验，就个人的想法回过头来再做一番点评。

现在，说话人应该用不到两分钟时间分享自己在练习期间可能获得的新的顿悟，对这种情形加以评论，并聆听别人使用新的思维来讨论这个话题。

在说话者描述了自己的体验后，聆听者要加入讨论并叙述自己的个人情况，然后提出自己喜欢的体验。在最后的部分，大家继续只讨论新的想法，而不提建议，说话者的发言时间不能超过全部时间的1/10。如果不止两位聆听者，说话者势必会说得更多。为了最大限度地从练习中受益，我们必须避免这种情况的发生。

这三部分组成了一组完整的三重奏练习。完成一组练习后，如果你愿意尝试，可以转换为说话人的角色，换新的话题重复练习。

练习

铭记于心

如果照此紧扣各个环节进行练习，其效果会相当不错。一开始，你要简要陈述一下问题（限定时间在 30 秒内而不是 1 分钟），然后作为旁观者，说话者应该摆脱在大多数场合下讲话被包场的情形。当我们听人说到与自身利益攸关或关系个人的话题时，往往会迫不及待地插入谈话并纠正说话者的思路，使其又回到我们固有的思维轨道。一旦我们开始主导谈话，聆听者就会转向这种思路，而结果不外乎就是让大家达成了共识，最终降低了获得新想法的可能性。

查理的三人行故事

这是查理最近与几个客户进行练习的示例。

我有一群正在参与三人练习的主管朋友，我决定作为小组中的第三位成员加入他们的练习。最近，我还与另外一些人进行一个项目。那时，我的感觉是，他们中很多人都没做自己的分内工作。于是，我不得不暂停练习，集中精力，务必及时完成该做的事。但我对整个项目的进展情况感到很不乐观，这对我来说，似乎每天增加了几个小时的工作量。

我用 30 秒钟的时间向其他两个伙伴解释。他们面面相觑，我马上就明白了他们的意思。他们是管理人员，所以他们知道，如果职员没做自己的分内工作，那将会多么糟糕。但几乎同时，他们转换了话题，开始大谈搬家事宜，以及乔迁之后丈夫或妻子辞掉了工作。

我一直在尽力摆脱一个不断涌入脑海的想法："他们的谈话与我的问题毫不相干。"然后过一会儿我又想着："他们根本没在谈我的问题。"然而，我并没有因此而被激怒。相反，我当时的心情相对平和，因为那是我为自己确立的一个指导原则，我只想很好地参与这个练习。随后我又想："无论他们谈论什么，那都不是我要关心的问题。忽地，我感到自己像被一连串的砖头击中："这不是我的问题，这是项目负责人的问题。这也是他的工作职责，但他并未执行好。"

我的问题不存在了，要想让问题完全消失，我唯一要做的就是写封邮件并愉悦地说："这些事还未全部完成，而这些都是你的工作，与我无关。"真是太神奇了！甚至在我写邮件前的思考间隙，问题就已经消失了。当然，事情的真相是，比起同样做这个项目的同事，更需要被提醒的人是我。

艾莉森的故事

艾莉森·兹慕达（Allison Zmuda）是一位教育顾问，在她撰写的《突破教与学的神话》（*Breaking Free from Myths about Teaching and Learning*）一书中，她陈述了自己的心路历程。

我参加了一个研讨会，组织者们安排我们参与了两人谈话，谈论的是一个我们非常关注并耗费大量时间却又悬而未决的问题。

参与他们讨论的唯一规则是，讨论者不得大声说出已经内化于自己大脑的想法：不得以典故喻事或进行类比，也不能总谈那些无法解决问题的理由。我从未参加过如此令人尴尬的谈话，但这又是一次极为有趣的经历。每次，我刚想要开口说话，却想到定下的谈话规则，随即又闭上了嘴。在三番两次欲言又止后，我烦躁得几乎无法聆听。我辜负了家人、朋友以及同事们的期望，对自己感到深深地失望。我已经习惯了这样的思维：我对任何新的问题都了然于胸，好像自己既有解决问题的方案，也最有资格对此发言，而且对问题的背景、所感知到的以及新的联想起到的作用越来越不屑一顾。我的大脑可能被设计成用来寻找一个基于记忆的问题解决方案，但它也有能力做更多的事。

你需要多加练习来培养深思的能力和建立新的联想，这些事物总是存在可能性，而只等待你去检验。你只需在这方面稍加努力，就能提升自己学习经验的品质。让我们重新回到有关这个严肃话题的讨论以及让我哑口无言的规则上来。

我发现，一旦自己放弃探索问题的答案，而开始聆听围绕问题的讨论，自己就不会将心思放在两人的对话上，而是会去思考他们所分享的观点。通过他们的谈话内容和表情，我开始有了新的联想。最后，在听了他们 7 分钟的谈话后，我终于忍不住谈了自己的看法。我的表述虽然不长也不精练，但却是完整且原创的。

人的大脑会在应对生活的思考中得以训练。当一个人的思绪平静下来时，就像从高速驾驶的过程中体验到了超脱感，这时就有了发生顿悟的可能。一些人在跑步时体会到了超脱感，而另一些人则在织毛衣的过程中产生这种感觉，还有一些人在潮汐的涨落之间顿生极致的快感。对于我们每一个人来说，获得创造力、智慧力以及获得顿悟力都是有可能的。

顿悟和问题

问题被解决后又去了哪里？

或许，我们常常最需要获得顿悟的时刻，就是身边出现问题并寻求解决的时候。我们大多数人都曾获得过解决问题的顿悟，而后紧接着的疑惑就是：为什么我没有早点想到呢？如果你仔细探究一下，语言里其实包含了这个意思：问题的答案早就在那里了，只不过你视而不见。既然答案唾手可得，那就说明你的问题还不算真正的问题。

问题是，你就是找不着答案，我们以前也曾遭遇过这些。但请考虑这个问题：问题解决后，还应该怎么做呢？这个念头瞬间就消失了， 尽管你绞尽脑汁回忆，但有时你真的想不起来。如果有些问题会在无形中消失，那么真的有一周、一个月、一年或 10 年还没有解决的问题吗？它们又去哪里了？那些瞬间就消失得无影无踪的东西，可以说其原本（物理上）就不存在。

| 独处 |

本章到目前为止，我们可以假定你能找到开启自己思维的人。

你同样可以采用其他熟悉的方法，但前提是它们建立在顿悟思维的精髓之上，而且避谈建议。我们产生顿悟的关键是要摆脱自己固有的思维方式，因为一旦依附于过去的思维，思维就会变得难以捉摸。这就是我们为何要寻求旁人帮助的主要原因。

如果你没有任何帮手，或更喜欢独立工作，这里有些方法可能会让你受益。如果你通常可以自行获得顿悟，那么你自身可能拥有一套激活新想法的方法。如果这种方法确实有效，那么你就应当采用它。而如果这个办法过于陈旧，又或者你在独立工作，需要进行一些新的思考，那么你可以试试下面的方法。

- **改变你周围的环境。**改变你周围的环境，置身于能让你心情平静的理想之处。试着散散步、打打盹或听听音乐。
- **把事情完全搁置一旁，转而思考这样一个问题：为了获得顿悟，我最应该在此刻做些什么？**费尽心思寻求新的方式来做好某件事，这样也许能开辟一条新思路。这条新思路不局限于任何特定的事，即使它与原来的问题没有任何关系，但它还是有益的。换言之，这种方法帮你找到的不仅是解决现有问题的顿悟。如果你发现了令自己满意的答案，就去执行它，静候奇迹的发生。
- **拿出一支笔和一张纸代替另一个人。**记下心灵的顿悟状态，这种方法非常有效。你甚至可以在纸上编一段对话，这样可以有助于你将抽象的思维具体化。

****

任何谈话以及任何问题的解决方法都可以提升顿悟。首先，至关重要的是要保持心灵的顿悟状态，并寻找新的想法。你与他人一起共事期间，不要陷入他人的问题中，也不要为其提出建议。如果你失去了这种获取顿悟的好感觉，或遇到一连串无聊或陈旧的想法，就赶紧转换思维，去寻找新的想法和顿悟。永远记住，在弄清顿悟和临界思维前，不要匆忙付诸行动。

我们生活中产生的大多数问题都是思维的产物，因此我们要完全理解这些正确的顿悟。当你练习顿悟之道时，你会发觉，这些新的想法、直觉、记忆思维和分析都在你的无意识下紧密相连。当新的模式以一种新的方式形成后，你能体会到一个真正的灵感闪现瞬间。

THE ART OF INSIGHT

How to Have More Aha! Moments

06

企业中的顿悟之道

我们在前几章中讨论过各种获得顿悟的方法，这些方法很容易被应用到我们的工作中去。现在，我们把获得顿悟的目标转向更大的团队或企业中去。顿悟之道可以被用于任何企业的组织过程中，并为其带去巨大的利益。有时，我们最好附上如何获得顿悟的方法或具体过程；有时，我们还需要基于顿悟，对这个过程进行修订。

本章将通过提供几个能激发灵感的案例，引导你做出方案设计，并将其应用到实际情况中。与此同时，我们还将讲一些案例。乍看起来，这些案例使用的方法似乎过于冒险，也没有太大必要，但你可以将其当作一种体验，尝试一下。

| 会议 |

顿悟之道适用于日常商业中的各种会议。你需要做的是：

- 使用顿悟之道和获取新的想法，来考虑如何筹办会议，并且将其融入到筹划工作中；
- 在会议中自然地使用顿悟的方法，可以全程使用或穿插使用。

员工会议

以下是一段经理的描述，描述的内容是关于企业使用顿悟之道后，每月的员工例会所发生的变化：

这次会议从中午开始，一共持续了5个小时。其中5人坐在会议室里，另外5人通过网络在线。以往，我们会严格按照会议管理制度惯例来推进议程，认真地逐个讨论问题。会议最后，所有员工都精疲力竭。然而，令人惊讶的是，我们已经习惯这样浪费大量时间。

而这次会议的效率非常高。当我一旦意识到会议可能跑题，或大家累了、无精打采时，我就马上让大家休息一会儿或转移话题，之后再回到棘手的话题上。实际上，这样不经意间调整会议议程，能确保一些疲惫的员工打起精神来。这就要求我们在精力充沛时认真工作，而在状态不佳时停下来休息。通过这次调整，我们的会议效率得到大幅提升。当知道自己在某件特定的事上无法专心致志后，能适当做出调整，然后再继续做下去，这是一种非常宝贵的能力。

我们有许多类似的成功案例。一位以强势著称的研发机构领导再次成功主持了一次为期两天的会议，这次会议不仅时间长，而且参会人员中有 20 多位与他一样权威的全球高层领导。刚开始，会议毫无成效，持续到下午 2 点 30 分，这位领导出乎所有人意料叫停了会议，并强调会议仍在进行，大家需听从他的一切指令。当天下午，参会人员应当休息（而不是回到办公桌处理电子邮件），并尽情享受这次聚会。他们可以随意交流各自的业务和技术问题，以及由此出现的新观点和顿悟，并在第二天的会议上与大家分享。

你肯定能想到事情发展的结果。第二天早上，他们分享了自己的想法。这是一个巨大的成功，不少参会者都表示，这是自己职业生涯中参加过的最棒的会议。

异地规划会议

这是一次完全由顿悟衍生而来的年度会议。我的同事乔·亚诺威茨（Joel Yanowitz）应邀策划一个小型企业的年度休假计划。如往常一样，他与执行团队召开了一些预备会议，约见了 18 位参会人员代表。基于这些会议，在征得董事长同意后，他就一个简单的问题展开了 3 天的异地会议：

你们都知道如何处理这类事，对吧？每人提出一些认为企业需要解决的问题。以前，我们会用几张海报来公示这些问题，然后将问题依次排序，确定时限，逐一解决，仔细记录后续的任务和职责，最后三天总结。如果能顺利解决所有的事，就会得到大家的一致好评。人们会认为会议有很大成效，我们在此期间付出了很多努力。是这样吧？

众人点头称是，然而乔亚·诺威茨问了另外一个问题：“你们都很开心并且真的期待这样的会议吗？”

所有人都否认了。在这一系列大大小小的问题上耗费三天时间，这样还说开心就是假话，我们知道，所谓成功的会议就是完成摆在众人面前的一串长长的任务清单，更何况每个人都已经被工作压得喘不过气来。

这时，乔·亚诺威茨建议：“让我们尝试一些不同的办法吧。”他说了一些关于新的想法和顿悟之道的话题，完成了这个会议：

会议进程如下：花几分钟时间，看看清单上是否有遗漏的问题。凭直觉挑一个你认为最重要的问题，大家一起讨论它直至满意为止。接着，我们再选一个其次重要的问题，以此类推。你肯定会在这个过程中努力寻求顿悟和新的想法，并让自己心情愉悦。我会在房间里监督，如果感到事态变得严重或你们不在状态，我就会叫停会议休息一会儿。让我们先尝试这样做一两个小时，说不定你们会喜欢这种方式，不妨试试？

这是一个敢于尝试的群体，大家马上就同意了。他们开始着手解决第一个问题，一个小时后，他们感觉非常愉快。他们在第一个问题上收获了很多顿悟。中途休息一会儿后，他们按照同样的步骤又开始了下一个感兴趣的问题。直至上午结束前，他们还停留在第三个问题上（共有 20 个问题），但在此期间，他们获得的顿悟带来了新的效果。于是，他们决定在午餐后继续进行。直到下午结束，他们只讨论了 5 个话题，每个话题都是直接、临时决定的。尽管会议进度有些慢，但效果却很好。大家 4 点半就暂时结束了会议，他们吃饭喝酒，整晚都在交际，准备第二天继续接下来的议程。

第二天早上，大家交流了昨晚收获的顿悟，经过一个小时的讨论，他们获得了大量新的想法。接着，他们按照这个模式开始下一个问题的讨论，直到下午，他们还获得了惊喜的结果。当时他们正在进行第 10 个问题的讨论，在获得了满意的结果后，他们返回来看是否遗漏了什么需要解决的问题。这时他们才发现，在讨论前 10 个问题的过程中，剩下的所有问题要么已经解决，要么已经无关紧要了。原计划 3 天的会议却在第二天下午 2 点 30 分基本结束，太棒了！他们宣布会议圆满成功，提前散会。整个下午，参会者们都在享受大量的社交时间。第三天早上，他们再次相聚（毕竟他们已经付了房费），然后花些时间收拾整理了一番，最后兴高采烈地早早回家了。

当然，并不是每次会议都有这么美好的结局，但这个案例会让你感到，自主运用顿悟之道以及拥有一个聪明的团队有多么重要。

|解决棘手问题|

我们发现，当一个问题困扰你很长时间，且经多方努力仍无法解决时，使用顿悟之道特别有效。在许多情况下，企业内部已具备了解决问题的条件，只是这些分散的要素没有得到适当的统配。我们很难在进一步的学习和分析中找到问题的解决方案。而顿悟——解决问题的新视角——正是我们所缺少的。当然，这通常也是企业解决其他问题的有效方法。所以，对于棘手的问题，你不要吝啬地使用顿悟的方法。

我们很难在进一步的学习和分析中找到问题的解决方案。

在帮助客户使用顿悟之道解决问题时，我们坚持不用常规手段解决问题。相反，我们希望客户训练自己深入探求尚未了解的事物，充分发挥自己的注意力和想象力，而使新的思维和顿悟出现。我们下一步要做什么并不是由之前的设定所决定，而是由此刻出现的新思维来指导的。

来看一家国际食品企业的经历。尽管经过 3 年奋斗，但这家企业想要进入中国市场并将其作为全球生产基地的尝试还是以失败而告终。于是，来自全球各地的 8 个人组成了一个团队，想用三天时间解决这个问题。这个团队的每位成员身份各异、阅历深厚，但他们除了读过现有的数据分析和文字报告外，之前并没有做其他准备。

在听了一些关于顿悟之道的背景知识介绍后，该团队成员重新确认了这家企业在中国发展的定位，并开始研究当前的实际情况和他们已经掌握的情况。他们并没有拿自己预先得出的结论互相说服对方，而只谈自己认为应该知道的客观事实和新的想法。所有人都把自己认为存在的问题说出来。毫无疑问，在某种程度上，他们看法不一致。于是，该团队开始寻找关于这个问题的新解读。

大约 90 分钟后，他们盘点了讨论的内容。有哪些观点达成了共识（他们意识到“团队思考”的风险，而事实上这种认识并不正确，暂且把这些搁置一旁）？又有哪些观点不一致？把那些通过分析说明能够解答的问题也先暂且搁置一旁。他们中途休息了一会儿，返场后，将注意力集中在两方面：一方面，他们认为，最好通过新的想法和顿悟来解决仍然有分歧的问题。那么，哪些能用来解释理解上的偏差呢？通过不同的视角、对于这个问题的不同描述能解决这一冲突吗？另一方面，他们不了解的或许就是有必要去了解的。

随着讨论的深入，我们发现，越来越多的对现实的不同解读浮现出来。该团队有几张填满了新问题的活动挂图。几小时后，团队针对实际情况确定了市场计划。这家企业需要制造一款具有一定含水量的产品，而每家试图进行规模生产的企业都因质量原因和运输成本而放弃。接下来，他们认为这个问题可以轻松解决。制造这款产品有不少技术上的问题，但工程代表都认为有解决问题的办法，而解决的前提就是把这个问题放在第一位，而且工程人员应该停止其他 30 个项目。同时，制造这款产品还有生产方面的问题，但几个月前，这个问题刚好被印第安纳州的一家新工厂解决了。这个团队马上就意识到，他们已经获得了解决问题的方案。

第二个顿悟出现了。是的，他们审视了这个问题，显而易见，早已有解决办法的预案。就在此时，他们又面临了一个其他企业几乎都存在的问题：他们为了给消费者提供专门的技术支持，而对这种不必要的服务付出了沉重的代价。

他们还必须考虑问题的解决方案，而解决的办法如此简单，很可能使执行委员不敢相信，导致其不予支持。在接下来的三天里，他们努力寻找这个方案的漏洞，但并没有找到。于是，他们把这个方案提交给执行委员会，同时与企业里一些掌握实际权力的领导维护好关系。最后，董事会认为解决方案简单有效，决定给予支持。这个六西格玛项目得以顺利开展，最终，整个问题都解决了。

顿悟与解决问题有何不同

正如罗伯特·弗里茨（Robert Fritz）在自己的《创造》（*Creating*）一书中所提到的，创造的目的是把无形变为有形，而解决问题则是把有形变为无形。顿悟之道在本质上就是一种富有创造力的活动，从未知到已知是一种不可思议的方式。然而，解决全然新奇以及以前看不到解决方案的问题，这种过程更像是玩七巧板，你在游戏的过程中就收集了已知的部件。所有部件都拼接完成后，你会很高兴。而如果换做顿悟，你会时常被自己震惊到。

顿悟之道补充了那些常见问题的解决方法。人们经常将其用在“发散”阶段，目的是获得更多可能的解决方案。尽管这些方法在“统一”阶段用得并不多，但却更加重要。它就好像七巧板，人们通过筛选、分析、检验，最终才证明其可能性。不论是在不断寻找新想法的过程中，还是在获得顿悟的过程里，你都将受益匪浅。

> 顿悟之道补充了那些常见问题的解决方法。

以顿悟之道为导向的会议旨在获得顿悟，并为后续分析设置多个解决方案。人们经常会有分歧，但并不总是这样。当你灵光一闪时，有分歧的观点也有可能统一。它们并不是互不干涉的两方面。

顿悟之道与头脑风暴有何不同

某企业的员工被训练成专门为他人提供想法，从某种程度上来说，这是一种准则，也确实是一种被频繁运用的策略。因此，这家企业的会议进度相当快，想法频繁出现，但出现的并不都是新的想法。凯是该企业的一位资深员工，也是唯一接触过顿悟之道的人。在会议上，她一直在安静聆听，但最终还是忍不住打断了。她说了五个字，使房间突然变得异常沉默，在别人分享想法时打断别人是一种不尊重对方的行为。凯接着说：“这些都不是新的想法。”之后，她便把说话机会留给了下一个要发言的人。整个会议室陷入了几秒钟的沉默。终于，有人打破了沉默：“我有新的想法。”从那之后，新的想法层出不穷，又不断有人加以完善。也许他们没有意识到，但其不一致的观点的和已成型的想法充实了这些讨论。

与头脑风暴相比，当会议进行至适当的阶段时，一个团队所具备的顿悟思维就会表现得非常不同。头脑风暴的典型特征就是节奏很快，整个过程没有间断。顿悟思考则正好相反，它相对节奏较慢且间断更多，旨在保持人们拥有一种沉思的状态和愉悦的心情。在头脑风暴的过程中，大家不会刻意寻找记忆思维，顿悟思考也不欢迎陈旧的想法。这两种模式尽管互不相同但却互补。如果你来回变换使用，或许会发现自己使用的头脑风暴变得越来越平和，自己也越来越有思考力。

| 战略的形成 |

我们经常会说，有多少战略顾问，就有多少战略方法。这些方法都是经过大量分析后才得出的，因此具有科学性。概括来说，他们通常会创建一系列的战略选项，然后，运用复杂的数学和分析程序来确定使用哪种方法，从而决定成本和经济价值。当选定好最佳战略，如何执行就成了他们下一步要考虑的问题。一旦生产线和其他资产被卖出或被获取，就要面临整顿问题，他们通常会努力做出文化上的转向。一旦企业成功实施了所有程序，在未来几年里，我们都会维护新战略的实施，保障它的有利地位。只有当新战略变得不堪一击时，我们才会通过相似的程序再次将其修订。

在过去几年里，尽管这个战略的知识产权一直都受人诽谤，但它仍然不受影响，并有很多融入顿悟之道的机会。其中一个极有价值的地方就是这个过程中包括建立使命或愿景，深入且有创造力的讨论能够激发新的想法。

来看一个例子，其中所用的战略是基于顿悟的。早在 1977 年，迪克·科瓦切维奇（Dick Kovacevich）就担任了花旗集团纽约银行分部的总裁。那时，花旗集团尽管占有 1/3 的市场份额，但每年却要损失 1 亿美元。像其他聪明的执行总裁刚进入新组织一样，迪克与领导们谈过几次话，目的是找出企业究竟哪一步出现了问题，应该如何有效地更正。通过调查后发现，市场被专门定义为个人支票账户。而且他还发现，花旗银行的市场份额太高，导致无法解决利润分配问题。接着，他得到这样的顿悟：如果更广泛的市场定义包括客户定期购买其他理财产品和服务，那么花旗银行的市场份额就可能增长 3%。之后，他又获得了更大的顿悟。他认为，大多数花旗银行的客户都已经购买了这些产品与服务，但他们是从其他银行而不是从花旗银行购买的。

于是他制定的新的策略简单易懂：把已经在其他银行投资的现有客户拉回花旗银行。显然，这个策略是可操作的。如果它能获得成功，那么银行至少在 5 年内都会有好的收益。银行无需进行实质性的预测和研究，而只需让分行的职员直接把额外的产品卖给客户。这个策略实施后很快就有了成效，并且他们发现，把相同的新产品卖给现有客户只能获得卖给新客户利润的 1/10。在迪克升职 3 年后，花旗集团的市场份额足足增长了 11 个百分点，年收益超过 1 亿美元。

读完这个故事，你可能会思考：这是一个伟大顿悟造成的例子，还是一个描述颇具见识的好领导的例子呢？毕竟，这样的奇迹只会发生在那些运转良好的银行里。然而，这正是问题的关键。**顿悟，看起来就是一些普通的常识而已**！但如果这个策略是如此唾手可得，那么为什么花旗银行在 100 年里没有获得如此成功的业绩呢？ 20 世纪 70 年代后期，这个策略的影响力依然超乎我们的想象。甚至在当今世界，各大银行都在为此努力奋斗。

故事并没有结束。1986 年，迪克加入西北银行（Norwest Bank）后，成为该行的执行总裁。当时的西北银行还只是一家濒临破产的小地方银行，受到来自大规模的、资金雄厚的国家银行的激烈竞争。西北银行为了求生存而艰苦奋斗着。迪克凭借在花旗银行任职期间的丰富经验，信心满满地推出了被称为**综合交叉销售**的营销策略。

迪克告诉我们：“在获得顿悟之后，事情能否真正成功全在执行上。但你要明白，这意味着我们要做很多工作。”来西北银行的 3 个月里，迪克与执行团队成员走访了西北银行的全部 273 家分行，召开了无数次会议，向全体银行员工传授综合交叉销售策略。在会议过程中，迪克的团队又获得了新的顿悟，即西北银行应该学会把大银行的产品和服务推广给小银行的客户，这些服务比国家银行更加人性化。他们能“把国家银行去本土化，把本地银行去国家化”。

正是凭借“国家银行去本土化”的理念和综合交叉销售策略，西北银行盛极一时。多年来，它收购合并了包括美联银行（Wachovia）与富国银行（Well Fargo）在内的多家银行，并保留其原来的名字。它从最初一家资产不过10亿的小型地方农业银行，摇身一变，成为市值1 900亿的全球最具价值的金融机构，其中还不包括两个在中国部分所有的银行。在过去25年里，这种建立在顿悟基础之上的银行零售策略还一直留存至今，未曾改变，并拓展至其他商业银行业务和金融服务里。

顿悟之道常被视为团队进程的一部分（像中国项目）。有时，执行主管们将这个策略穿插在与同事的谈话中。一位叫特里·安（Terry Ann）的主管，她在制定企业政策的过程中，坚持使用顿悟之道：

大约一年前，我还用自己的老方法——为了开发一个新策略而写了很多笔记。而就在几个月前，我决定坐下来静观其变。我与同事们分享了很多自己的想法，比如我们真正想做的是什么以及是什么让我们与众不同。过了很短一段时间，我想出了新方案，或许是我摒弃了以往“一定要想出来”的习惯，而并没有想太多，也没有分析太多。然而，新方案就这样自然而然地从头脑里浮现出来。

这些故事都告诉我们，基于顿悟的战略和基于分析的战略之间的主要区别。前者是指你先要想出点子，然后**做出必要的分析，以确保其可行性，并找出纰漏之处**。然而，并非所有的备选方案都很棘手。在西北银行的案例中，零售银行业务部门没有做任何重要的战略研究。这意味着企业要做的工作量很少，也意味着战略的形成速度非常快，通常只需 3 个月的时间。特别是，企业内众多成员都参与政策的制定，他们经常会在顿悟的指导下即刻行动。因此，执行力指的就是，当战略一经正式采纳就立即行动，而不是一直拖延。在我们熟悉的案例中，当人们试图用以顿悟为基础的战略来影响企业变革，而其结果却是从未发生过变动，甚至连“文化转向项目”也是这样。西北银行自始至终也没有让自己或其继任者在被迫的发展中变得有所不同。

我们无法得知是否能使用分析的方法得出好的战略，但如果使用顿悟之道，参与者们都表示这将更容易让战略迅速付诸实施。

或许，在支持寻找“一个改变规则的顿悟”的过程中，身价上亿的企业本不该放弃其既有的运作规程。然而，作为现有分析型策略的补充，或作为一个现有战略的中期评估环节，顿悟之道绝对值得特殊产品或经营单位对其做出严格的检验。

如果决定朝着这个方向继续前行，那么首先要遵循我们之前提到的相同规定和指导方针来进行一系列的谈话。我们可以召集同事们，问他们一些能更加深入了解现状以及未知的问题。我们可以用学者和实践者们多年来研发出的许多其他策略方面的问题，询问他们有关策略性情境的新想法和如何完善工资的建议。正如目前你可能已经注意到的一样，其中的细节远不如伴随在这一过程中的精神和感觉重要。所以，在获得顿悟前，我们要多多交流和进行探究。

指导同事

当与他人一起工作时，顿悟之道会展现出其特别激动人心与丰富多彩的一面。假设你的一位同事向你寻求解决问题的方法。这个问题可能是技术方面的问题，也可能是有关职业指导方面的问题，又或者是下一年度的工作安排。它有可能是你的同事有意提出的，也可能是在讨论某个具体问题时无意间提起的。如果你是一名出色的解决问题专家，那么你亟待解决这些问题。你很激动——期待在问题解决后收获那份愉悦。而这次，你换了一种方式。你没有为同事提供具体的解决办法，也不给予其任何建议，而是马上进入了顿悟聆听状态，指导同事产生新的想法，就如同你在“教你获取新的想法和顿悟练习”中所学的那样。

保持轻松的谈话氛围。绕开不成熟的问题解决方案，而去引导你的同事产生新的想法。这样，他就有可能获得顿悟，或找到问题的解决方法。作为一名经理，道格告诉我们：

保持轻松开放的谈话氛围。

当我付诸实践时，我会从人们真正需要的部分入手，听听他们有什么建议。如果有我在场支持他们，他们多半会获得顿悟，并找到自己需要完善的解决方法。

这种方法让他们自觉地发现自己知道的东西。我觉得自己已经不再是他们的裁决者，而更像是一个观察者。

另一位经理戴夫对此则这样说道：

在与别人聊天的过程中，谈及顿悟，我最先注意到的是了解自己的心境。一般情况下，我非常冷静与专注。我把大多数精力都放在谈话本身上，欣赏这种谈话方式及其个性化的谈话内容。所以，我能同别人聊的更多，也能明白其所说的意义。这样，我就能与别人进行更好的互动。

| 个性冲突 |

当你与同事、下属甚至老板起冲突时，你会突然发现，在这种场合特别适合使用顿悟之道。看看你能否帮助别人找到新的思路以及问题的根源。他或许根本不买你的账，但你仍可以坚持试试我们下面将要分享的措施。为了方便说明问题，我们假设他愿意采纳你的这项建议。

进行一次“获取新的想法”的练习，鼓励大家一起寻找新的想法。在此期间，你要全神贯注地聆听，保持良好的感觉。你无需说太多话，但随着谈话的深入，你会发现你们彼此的关系已经越来越融洽。你要明白一点，能一起享受愉悦的氛围才是重点。你越是认真地聆听别人的想法，人家越会信赖你。即使在第一次会议上没有敞开心扉，但你们却能感受到自己的工作关系得到奇迹般的改善。随着时间的流逝，你们之间的冲突也会自然消解。

皮特是一位高级副董事长，他发现自己总是与老板查理（非本书的作者）发生争吵，而且几乎逢事必吵。想到以前非常要好的同事现在却变得这样难以相处，两人心里都不是滋味。作为企业战略讨论计划的一员，特别是在保持良好关系方面，他们都彻底违背了顿悟之道的原则。

让我们回到企业完成战略检查的几个月后，作为皮特考核的一方面，我们询问他与查理之间的相处情况。对于我们的问题，他看似有些困惑，只回了句："还好。""听你这样回答，我们很欣慰，说说你们之间存在的问题吧。"我们继续追问。他沉默了一会儿说："我早忘了，最近我俩相处得挺好，能够彼此互相倾听。但凡发现谈话氛围不对，我们也都有所察觉。我们有过几次不和，但我们会把问题放到台面上解决，事后又和好如初。近几个月，我们好像没有争吵到面红耳赤的程度。"

| 引导顿悟之道的讨论 |

最好是由负责项目或会议的领导把这些新的理念注入企业，

企业员工都会听从自己的领导，特别是当领导认为这些理念非常重要时，他们更会言听计从。但还要注意这样一个一直都存在的问题，假如一名员工反对使用顿悟之道，那么即使不是完全没可能，但想要推进这一进程也会很困难。一般而言，员工至少应该不支持也不反对。而幸运的话，至少会有一两个员工对此抱有极大的热情。

我们把顿悟思维运用到团队中时，你要在最初设计一套与其相关的公用语言，探讨如何区分新的想法和记忆思维，然后提出顿悟状态的概念。谈谈你对顿悟思维的理解，再告诉大家其对开启自己的思维模式有多么重要。

制定基本法则

一旦员工们理解了这个理念，他们就会意识到保持顿悟心态的价值，可以让他们使用顿悟思维讨论一个问题。

这里，我们列举几条非常有效的基本法则。

1. 提出一个话题、问题或关注点。首先，所有参与者必须保持安静，聚精会神地听他人陈述观点。你也会不断产生想法，但如果产生的只是旧观点，就不要说出来。此时，你会停顿很长时间，但这未必不是好事。

2. 某位员工如果有与讨论的话题相关的新想法，应在不扰乱谈话氛围的情况下大声地分享出来。

当你以此作为标准时，谈话节奏会相对慢些，但这样将更有利于员工思考，宽敞明亮的会场有利于他们产生新的想法。通常，员工会感到参加这样的会议有些尴尬，特别是一些人心里一片迷茫，他们根本不知道会议会如何发展。相反，如果你的员工了解会议召开的原因和目的，他们就不会有任何问题。如果房间的氛围轻松且会议富有成效，那么你就拥有好的状态。

如果氛围变得尴尬，那么你就有必要实施团队管理了。首先，你要知道氛围何时变得不对，并告知员工。在这种情况下，如果你只作为场外顾问会很容易解决；如果你也参与其中，事情会变得复杂，但你只要有所意识和经常练习，这些还是能解决的。

如果你早早发现端倪，那么只要有人在大家尚未发觉之前做出提醒，事情也能很容易就解决。另外，如果这种状况拖得太久，那么简单的调停就不够了，此时最有效的方式就是强制休息。由于形势严峻，暂停会议可能会遭到与会人员的反对，但绝对有必要休息 15 分钟。你要把它想成惩罚的标志，这样团队中任何人就不会反对“停战”，而这样做能为人们的思维和情绪带来足够的空间。我们与一群彼此熟悉并同样相信顿悟思维的人工作，其好处之一就是，这样的成员越多，人们在发现情绪变化后打出“停战”旗帜的可能性就越大。

这些基本法则让团队成员很快意识到，至少对部分人而言，他们听到的都是新的想法。在某些情形下，尽管这些只对一小部分员工有新鲜感，但它会激发员工产生更多新的想法，然后被循环分享。基本法则的价值就在于为了进行更富成效和更具激励性的讨论，会议能摆脱惯有的陈腐风气，一改老套的思维，并使其成为新的规范。团队的整个风气都会焕然一新，整间会议室都会弥漫着新的能量。这样的会议能给人们带来新鲜感，让人们更容易接受新的概念，而让旧的观念渐行渐远。会场上的暂停变得越发普遍，人们可以不受其打扰进行思考。他们不必为别人的观点所左右，也不必向他人的议程方向靠拢。这样一来，这些想法才有可能达到极致。我们可以确信自己的想法随兴所至，但却发现它以完全相反的方向前行。这种丰富的经历使你收获了许多惊喜与好奇，而这些结果都来自分享新的想法和专注地聆听他人。

你可以每次花几分钟时间来练习顿悟之道

我们不必让顿悟之道贯穿会议始终，而只需从惯有的思维模式里抽出 5 分钟时间来尝试用顿悟思考做些改变。如果大多数成员都曾尝试运用过顿悟思维，那么就会议的讨论内容或问题的讨论方式而言，我们用 5 分钟的练习时间就足以将会议引至新的方向。

在休息 60 秒（这个时长足以让人喘口气）后，邀请获得新想法的人继续发言。我们规定，从前一个人发言完毕到后一个人开始发言，时间间隔 5 秒钟。这样可以有效避免后面的发言人沿袭前一个发言人的发言思路，而让自己的思维休息一会儿，再看看是否会出现新的想法。

我们的同事乔就时常鼓励大家多看看窗外（假设房间有窗户，且外面景色宜人），这样有助于他们转移注意力，并为其带来新的视角。

稍做休息，比对以上描述的典型的会议场景：思路闭塞，气氛凝滞，陈词滥调，喋喋不休，重复乏味的话题。如果你打开自己的记忆之门，就会发现，这些会议几乎毫无新意，了无生气。尽管会议中各种观点层出不穷，但也尽是一些难以引发顿悟的内容。通常，一串新的数据会触发一个新的想法，但我们更愿意相信，心境才是激发顿悟的关键，因为我们已有事实证明这些。重复的内容也许可以引发争论，但却对催生顿悟毫无裨益。

有时，中途休息比继续会议更重要

会议进行不下去的情况很常见。如果遇到这种情况，正常人的反应是为了打破僵局而拼命向员工施加压力。相反，就如我们之前给出的建议，如果感觉情况不妙，管理层更应该做的是给员工减压。在直面压力或思考效率低等问题时，不要妄图恢复到之前的状态。不要盲目迷信“再过一会儿，我们就能渡过难关”这样的话。我们应该叫停会议，延长休息时间。让员工散散步，在散步途中寻找新的想法；或者让他们干脆放空大脑，而只需消化刚才的信息。

有些人或许真的能带着顿悟回来，从而打破僵局，由此解开问题的症结。有时，意见不一致的人们在（打个比方或在实际情况中也会发生）散步时相遇，从而澄清问题。即使很少会发生这样的事，无论他们的想法是否差之千里，我们应该在第二节会议开始时让他们交流一下休息时获得的新想法。就聆听者而言，任何新的东西都能触发他们产生顿悟。

对于那些不大了解新想法的人们，或遇到人员混杂的情形时，乔会要求组员们自行进行一项 5 到 10 分钟的“感官散步”，让他们在静默中释放自己的同时寻找新的想法。他们的任务就是要全身心关注自身的感觉，包括自己的所见、所闻、所感。他们侧耳倾听远处微小的动静，感受鞋子在地面摩擦的声音，感受发梢在微风中拂过手臂的酥麻感。

即使你并未下达任务，他们也会带着各自新的想法或新的视角回来。在散步后，房间里的氛围都会发生变化，有时甚至会超乎人们的想象。

如果你是会议中唯一了解顿悟之道的人

如果你已经打算将顿悟思维带入团队中，或者说你是其中唯一熟悉顿悟思维的人，那么你很有可能在推动会议的过程中四处碰壁，甚至最后连最和善的人也会拒绝你的想法。理想的解决方法是，找一位善于引导会议进程的同事与你合作。两个技术人员之间的合作通常会非常高效。简单的要诀和步骤如下：你们首先必须掌握一些顿悟之道的要领。如果你们双方经常交流想法，你会发现这是向团队传达想法的最佳时机。这时，你和搭档才能一起主导和推进会议的进程。

送给你（或给你们二位）一些锦囊妙方，请谨记于心。

- **保持良好的心境。**也许至关重要的一点就是记得保持冷静。这样有利于你武装自己，并配合他人进行更有效的思考。无论如何，请谨守团队合作共事指导方针。你的沉着和冷静能起到不小的作用：
  - 能让你更容易听从心灵的顿悟，并与人分享；
  - 能让你更敏锐地获取那些容易被淹没并消失在谈话中的顿悟；
  - 能减轻工作团队的思想负担；
  - 有时，它会显得很不一样，能引起别人的好奇心，给你带来解释顿悟思维的最佳时机。
- **用好你的直觉。**人的本能很强大，而且常常很准确。如果感觉对了，就跟着感觉走吧。
- **不要勉强。**应该顺其自然地发展这些概念，而不要刻意为之。如果你刻意在会议上"做些什么"，人们肯定察觉得到，并对此有所反感。
- **以身作则。**用你的行动及平和的心境向大家陈述顿悟思维。如果只是生拉硬拽地让别人接受你的思路，只会适得其反。
- **问些高质量的热点问题。**通过提问大量当天的讨论主题，引导能萌生好点子的谈话。
- **做事时，申明（大声说出）自己正在做什么。**比如说"这里有个新的想法"，或者"我刚有了一个小小的顿悟"。就像凯一样，当你突然发觉自己正在重复过去的想法时，就需要停顿一下（明确地表示停顿则效果更好），然后说："哦，那个想法曾经有人说过了。"

要有信心！是的，第一次办好这样的会议确实是个飞跃。所以，第一步不要迈得太远，要相信别人会获得好的顿悟。如果你创造了对的条件，那么肯定会有好的结果。因此，你不要像以往那样把会议安排得过紧，让人一开始就感觉不适。

如果你是会议领导，可以考虑一下吉姆的建议，他是一位与我们一起工作的会议筹划人员：

如果你知道人们心中自有答案，我想你应该会备感欣慰。我们在会议室里可以找到团队需要的全部信息。有了推进者的帮助，参会者们会对自己的想法刮目相看。他们能把所有信息收集到一起，并自信自己能采取有效的措施。当参会者们认为自己已经收集到所有的相关信息，而不需要外部的帮助时，小组成员就会拒绝所有的外部支持。他们要做的就是给自己探索的机会，让这些想法出现。他们能够认识到那些赋予自身的价值。

在我作为一名会议推进者时，我认识到一个人的说话方式和安抚能力能帮助人们激发内在想法的出现。如果你吸纳了整间会议室里人们想法的精髓，并因此内心暗流激荡，那么你就能相信自己有开启谈话之门的本能。在我所讲的例子中，当我遵从内心的想法时，团队的智慧就会浮现出来。如果你对正在谈论的话题有了顿悟，或者有独特的思维方式，你就会发现有一股无法名状的力量在你的身上积蓄，而这时你只需要顺势而为。

我来描述一下刚获得这种能力时的感觉。我可能会带着好奇禁不住去想：“这样做真的有效吗？他们又会怎样看待我呢？”你应该真正地保持内心平静。如果你认为自己看到宝贵的东西，那么就勇敢向前，永不放弃。当然，你也没有必要过早提前筹划。此刻，你知道自己最需要的是什么，知道它会很有效果，你只需跟着感觉走。我不能说这是一种随意的行为，但它也确实不是刻意的安排。

无论是领导还是推进者，你都会发现运用这些方法有很多益处。你应该对自己的能力充满信心，保持良好的心理状态。下属会听从你的指挥，而你则要保持镇静，相信自己的能力，周围的人就不会被迫服从你。如果你创造了好的氛围，那么你召开的每次会议都会富有创造力和高效性。

****

说些相关的，切勿将寻找顿悟与解决问题混为一谈。顿悟确实能解决问题，也能照亮前所未见的机会。毋庸置疑，鱼和熊掌我们都想兼得。许多企业几乎都毫无例外地只专注于解决问题本身，而不惜花费巨大的人力和时间。在西方国家的企业里，我们被培训怎样运用分析方法来解决问题，也正是这种方法束缚了我们。而长此以往导致的结果是，这样的理念和策略既不含深刻的见解，也无法真正激励员工。我们真正收益颇丰的是自己全身心地投入而产生的顿悟。

当一个人或一个团队都获得了顿悟，那么他们就能多方面受益。通常，这样的效果会比我们通过分析或解决问题的方法来得更快。承诺很重要，你应该保证承诺迅速落实。分析往往在确认顿悟是否有效时能起到至关重要的作用，但这种分析不需要花费很多时间和精力。当然，顿悟也给我们带来了前所未有的竞争优势。

我们使用问题的解决方案，从各种已知的选项中得出最优的结果，但顿悟的解决方案是之前从来没有出现过的。当然，如果不与已知选项作比较，无法确认顿悟的解决方案是最好的，但如果我们迅速使用第二优化的方法常常能带来更好的业务成效。

运用顿悟之道是一次美妙的体验。它带给我们富有创造力和与生俱来的既自然又震撼的思维方式。它积极改变了组织和团队的企业文化和参与模式。当人们充分理解了顿悟之道后，他们会变得越来越轻松。他们的日程表上有了空闲时间，彼此间的交流也变得越来越轻松。他们的人际关系得到了改善，自己也不像以往那样带着满身的疲惫下班回家了。

THE ART OF
INSIGHT

How to Have More Aha!
Moments

07

生活在顿悟状态中

至此，我们一直专注于获得更多的顿悟，你对运用顿悟之道和其优点也有了深刻的了解。

基于他人的反馈，我们确信，在重拾顿悟和体验到更多顿悟后，你在生活中的其他领域也会发生积极的转变。思想源自于我们的认知和行为，深思熟虑比偶尔运用的任何技巧更能直接改善我们的生活状态。比起焦虑和分心，放松和专注能让我们更加自信和迅速地做出正确的决策。而我们做出的判断越准确，犯下的错误也就越少。你与同事之间的人际关系得到改善，相互冲突的情形也就自然消失了。回归平静的心境，世界安之若素。就像发生了奇迹一样，你个人的生活节奏也会慢下来，你有充足的时间来生活和工作。对于你的工作来说，会议会变得精简，而且效率得到提高。你做出的决策更为科学，差错率锐减，思路如茅塞顿开，工作得心应手。

回归平静的心境，世界安之若素。

下面就一些常被报道的现象作简要的概述，期待你能从中有所获益。

你能获得很多微小的顿悟，而很少会获得大的顿悟。这是因为，你已经习惯见微知著，很多问题尚处在萌芽阶段就迎刃而解了。既然你常常有灵光闪现，并且思路正确，那么你想获得的真谛就会出现得越来越少。

生活过得顺利，很少出现问题。想法不像顿悟那样，似乎只有在需要时才会出现。数月以后，人们会有这样的感慨："我还没遇到过称得上是问题的麻烦。"

你的问题会变得不那么情绪化和私人化，而且很快就会消失。你仍会感到生气和沮丧，但这种情况很少发生，并且你很快就能回归平静。问题不像以前那样困扰你，你也不会整天长时间地感到烦恼，忧愁会在分秒之间就烟消云散。

你要做的决策越来越少，要做的精细管理也越来越少。过去常常事必躬亲的经理们，如今却惊喜地发现，团队成员们在心甘情愿地付出，并且他们几乎在各种场合里都能提出合理化建议。一位客户说得很贴切："我周围的人似乎越来越聪明了。"当争论出现时，经理们会不由自主地展开讨论，征求意见，直至达成共识，而并非简单地表决以平息争论，并做出决定。

你有时间做其他的事。几乎所有的人都感叹自己的生活压力变小了，也不那么紧张了。他们陶醉于这样的场景：早上上班途中，交通没有堵塞，大多数人感到时间变得充裕了。他们不像过去那样总是事情堆积如山，会议变得精简。他们享受着一整天的安静气氛。

你的交流和人际关系有所改善。你在人际关系方面出现的问题减少了。过去难以与人相处的人开始变得随和、容易相处了。

你会得心应手地排除各种顾虑。生活并非全部围绕着顿悟。你会不自觉地将新的想法代入曾经的思考，将成熟的考虑代入直觉，并且享受思维的自然状态。你不再需要有意识地决定到底什么类型的思维最有意义。

你会拥有一种提升的自信和强烈的平和感。担心、焦虑、浮躁变得不复存在。当问题发生时，它们就只是问题而已，而并不带有人们的情绪。

你会找到自己喜爱的职业。通常，这是因为人们再次发现，自己在做好所喜爱的工作的同时，在其他场合发现了更完美的工作机会，而且他们能非常敏锐地注意到这些。

你会拥有更充沛的精力。另外一位客户深有感触地说："凭我的记忆，我平生第一次将全部精力倾注到自己的生活（包括工作和家庭）中。我总觉得自己必须克服万难，必须坚持不懈。现在，好像没有什么能阻止我的脚步。"

当然，每个人的结论肯定不一样，问题也不会自行解决。当我们情绪低落时，我们依然会生气和沮丧，谁都有情绪失控的时候。目前，还没有报道说某人的情绪永远处于一种持久的状态。期望这样一种持久的状态可能会妨碍我们对于敬畏和极乐的追求。

如果你注意到上面所列出的一些在你生活中出现的条件，那就将其视为自己更进一步的顿悟成功体验的证据吧。

| 请别过度迷信顿悟 |

人们运用这些获取顿悟的方法来享受一种全新的生活状态。他们中的大多数人并不关注顿悟因何发生，也没有兴趣琢磨顿悟究竟为何物。他们心里想的是："保持快乐的心态，跟着感觉走吧。"另外一些人则越来越好奇顿悟是什么以及其如何发生，但其实这样做没有必要，甚至可能会带来风险。有些事容易被过度思考，研究顿悟的心理状态也是如此。如果你满脑子都是顿悟的状态，那么毫无疑问，你顿悟状态的体验也将消失殆尽。

我们前文提及过的客户皮特带着自己的全部问题，开始研习顿悟。像那些与我们一起工作的人一样，几个月之后，他心存的所有疑惑似乎都无影无踪了。当然，他还会出现新的问题，但这些问题都不是什么大的难题。下属做出的方案能符合他的想法，他自己也达到了最佳的工作状况。皮特似乎也没太多兴趣去问个究竟。用他的话说就是："现在，已经够好的了。"尽管他曾有一个重大的领悟——有关那些从前不被他所了解的思想。这不是一个概念性的东西，而且也不需要自己或别人来进行表达。他觉得自己根本没有那个必要。毕竟，他已经“够受欢迎”了。

在对这些概念的理解与洞察个人思维之间，存在着重要的区别。你想要的是对洞悉思维的发展轨迹，而不仅仅是对顿悟概念的理性把握。当你把顿悟理解成一种有益的工具，懂得顿悟源自你的一种特别的心境，领会到这种心境与个人思维方式紧密相连，但这些却与你的思维内容毫无关系时，你的生活就将发生改变。其中，我们研究的持久兴趣和重要发现之一，就是自己看到了某些东西存在的价值。在顿悟思维的领域中，我们所获得的益处并不是来自对某个概念的理解，而是来自对自己心智如何运作的顿悟。如果只是理性地掌握了这些概念，那么你就不能获得更多的顿悟。

很多司机都经历过开始转弯时的打滑。你想要把方向盘打回自己的轨道。然而，你转弯时躲过了打滑，但车身却仍停留在原处直行。在那一刹那，虽然你并没弄懂其中的物理学或力学原理，但你却知道那是有用的道理。如果你具有相应的知识，那么你会很少发生事故。同样，你知道自己具备了顿悟的能力，那么这种能力就会在你生活的方方面面发挥持久的效用。

| 寻找那种良好的感觉 |

这种感觉是一种底线。你不需要有意识地改变理解，有些理解会在思考的过程中到来，有的理解则会以概念的形式为人所知。任何人都有唤回自己顿悟能力的方式。你的顿悟也许完全就是一种非语言交际，甚至是一种潜意识的体验，你没必要给它贴上标签。通过这种方式，你才能用语言对自己、朋友、家庭和同事进行描述。事实上，在初始的意识爆发后，顿悟思维上的进展会变得非常微妙。微小的顿悟会频繁出现。但有时，你也可能感觉到，与任何事都不相关的顿悟会不断增加。也许，当你早上走在上班的路上时，某种顿悟就会不期而至。你知道自己能领会到某些从前不曾领会的东西，因为你具备了“那种”感觉。然而，你的顿悟却与生活中此刻想到的事并无关联。只是后来，你将这些微小的顿悟联系起来，用来解决与你相关的问题。在有些场合下，顿悟不是用语言的形式串联起来的。然而有一天，你会在醒来时发觉，自己的生活轨道完全不同于以往了，而是转变成一种你知道的、更真实的生活轨道，一种你可以从容行驶的生活轨道。

我们回过头来重新认识自己的顿悟能力，这些顿悟能力有些很独特，值得我们珍视。对一些人来说，这可能有些舍本求末。如果有人问到我们获得顿悟的过程，我们可能会说不知道；但对于我们的朋友、家庭、同事来说，让他们说说我们身上发生的变化却是件很容易的事。因为我们确实很难说清这种顿悟的体验，大多数人只是各自努力前行，对这种全新的体验世界的方式感到莫名的兴奋和快乐。

不论你是否对顿悟感兴趣，只要你发现自己有了更多的顿悟体验，并且喜欢与我们讨论它的一些益处，那么，某些与顿悟相关的东西就会起作用，它只会让人受益良多。我们衷心祝愿你在以后的顿悟探索中取得成功。

THE ART OF INSIGHT

How to Have More Aha! Moments

后记

评估你的进步

在开始探索提高获取顿悟和智慧的方法时，我们就已将其称为“顿悟之道”(TAOI)。我们在探索早期遇到的挑战之一是：客户中没人知道自己当前的顿悟发生频率，他们只知道，顿悟的出现并不像自己希望的那样频繁。我们要把已经发现的一些理念传授给培训的对象，在毫无底线的前提下，如何才能清楚地分辨出某人的“顿悟量表”确实已经发生了变化呢？充其量，我们的结论是主观的。我们的解决方法就是要求他们列出一个自己需要获得顿悟的话题、问题以及其他情形的清单，其中包括对每个顿悟重要程度的评估以及在特殊难题上纠结了多长时间。我们还要求他们留心哪些东西可以证明其顿悟能力有所增加。我们提出：几周之后，客户要么在自己选定的主题上获取到大的顿悟，要么看到自己的顿悟能力有了显著提高。如果这样，那么他的顿悟之道已经处于相当高的水平，或者他已经受益匪浅。

如果你想测试一下自己到底发现了什么顿悟，可以用一个行之有效的方法来区分多个想获得顿悟或改进思维的不同主题。找到那些当前让你伤透脑筋的情形、问题或难题；找到那些你想使用新思维、新观点的机会或那些让你感到好奇的简单事物。这些都能触发思维。

- **工作**：你与同事、老板或下属之间的关系；一个长期没有解决的业务问题；你所在团队的动态分析。
- **家庭和朋友**：复杂的人际关系；一个让众人玩得开心的度假之地；乔迁异地后与新朋友的聚会。
- **教堂 / 社区**：寻求政府解决一个长期存在的问题。
- **个人**：一个常规的运动项目或其他健身项目；找到一种新的业余爱好。

在每个量表中，最好有不止一个大问题，一个大问题中包括 6 到 10 个小问题，如果你愿意，还可以增加更多的问题。不管怎样，即使你对以上领域不感兴趣也没关系，不要一开始就被这些问题所束缚。你应该找到自己的兴趣点所在。别再列出任务清单，而要尽量挑出生活中存在的所有问题，或采用行动导向的思维模式，并不是所有问题都是严肃或重要的。你只是力所能及地多列出一些问题，顿悟会使你受益。对于每个项目，做出如下描述。

- 这个问题存在多久了（年、月、日）？
- 从量表 1 到 5 中，表示解决这个问题或洞悉这件事的重要程度（1 表示少，5 代表多）？

一个完整的话题可能像下面这样：

评估你的进步 后记

为什么我与杰夫的每次谈话意见都不一致？两年了，这确实让我有些困惑。

回到你的清单，用三到四周完成你的实验。对每个话题进行反思并且自问：“我在这个问题上取得进展了吗？”这些进展可以用部分解决或完全解决的形式呈现，或以重要性或麻烦性的降低来体现。

然后，全面地浏览这个清单，并设问：

- 所有问题都还存在吗？
- 有些问题消失了吗？
- 那些消失的问题是如何消失的？
- 对于那些悬而未决的问题，我对它们有什么认识？对于解决这些问题，我取得了哪些进展？

北京阅想时代文化发展有限责任公司为中国人民大学出版社有限公司下属的商业新知事业部，致力于经管类优秀出版物（外版书为主）的策划及出版，主要涉及经济管理、金融、投资理财、心理学、成功励志、生活等出版领域，下设“阅想 • 商业”“阅想 • 财富”“阅想 • 新知”“阅想 • 心理”“阅想 • 生活”以及“阅想•人文”等多条产品线，致力于为国内商业人士提供涵盖先进、前沿的管理理念和思想的专业类图书和趋势类图书，同时也为满足商业人士的内心诉求，打造一系列提倡心理和生活健康的心理学图书和生活管理类图书。

阅想 • 人文

《好奇心：保持对未知世界永不停息的热情》

- 《纽约时报》《华尔街日报》《华盛顿邮报》《图书馆期刊》《科学美国人》等众多媒体联合推荐。
- 一部关于成就人类强大适应力的好奇心简史，理清人类第四驱动力——好奇心的发展脉络，激发人类不断探索未知世界的热情。

《徒步中国：用脚步丈量魅力中国》

- 国家地理频道全程拍摄，独家播放。
- 中国第一家专业的旅游行程编辑平台路书倾情推荐。
- 英国探险家历时6个月，步行5 000公里，由北到南，纵穿中华大地，只为完成一次心灵朝圣。

The Art of Insight: How to Have More Aha! Moments

ISBN:978-1-60994-809-2

First published in 2013 by Berrett-Koehler Publishers, Inc., USA.